Die thermodynamischen Eigenschaften der Metalloxyde

Ein Beitrag zur theoretischen Hüttenkunde

von

Dr.-Ing. Werner Lange

Professor für Metallhüttenkunde an der Bergakademie Freiberg

Mit 16 Abbildungen

Springer-Verlag Berlin Heidelberg GmbH

1949

Ursprünglich erschienen bei Springer - Verlag, OHG, Berlin - Göttingen - Heidelberg 1949

ISBN 978-3-540-01397-6 ISBN 978-3-642-92527-6 (eBook)
DOI 10.1007/978-3-642-92527-6

Nr. III 4014/48—4964/48

Vorwort.

Die vorliegende Arbeit ist die erweiterte Fassung einer während des Krieges am Metallhütten-Institut der Technischen Hochschule Berlin eingereichten Dissertation, die nach ihrer Fertigstellung aus zeitbedingten Gründen nicht veröffentlicht werden konnte. Sie befaßt sich mit einem Gebiet der theoretischen Hüttenkunde, das besonders bei den Hüttenleuten in Deutschland noch wenig Anklang gefunden hat. Die Ursache für diese Zurückhaltung der chemischen Thermodynamik gegenüber ist nur zu einem Teil die Folge der skeptischen Einstellung gegenüber aller Theorie. Zu einem wesentlichen Teil ist sie mit darauf zurückzuführen, daß es bisher versäumt wurde, diese Theorie den mehr auf praktische Fragen orientierten Metallurgen nahezubringen und an Beispielen ihren Wert darzustellen. Anders als in den beiden wichtigen Nachbargebieten der Metallgewinnung, in der Chemie und in der Metallkunde, steht hier die theoretische Untersuchung der einzelnen Prozesse noch in den Anfängen. Diesen von jedem wissenschaftlich interessierten Metallurgen empfundenen Mangel beheben zu helfen, ist der Sinn dieser Arbeit. In gegenüber der ursprünglichen Fassung erweiterter und zum Teil ergänzter Form betont sie insbesondere in der Behandlung der Rechnungsgrundlagen und in den Rechnungsbeispielen den eben entwickelten Standpunkt.

Die Schrift ist in erster Linie für den Metallurgen gedacht, der sich im besonderen Maße für die Chemie der hohen Temperaturen interessieren muß. Die Ableitung der Rechnungsmethoden ist verhältnismäßig eingehend behandelt worden, damit auch der nicht geübte, jedoch mit den Grundlagen der Thermodynamik vertraute Leser in der Lage ist, ohne weiteres Literaturstudium die Schrift durcharbeiten zu können. Der Aufwand an Mathematik beschränkt sich auf die einfachen Grundregeln der Differentiation und Integration, so daß auch von dieser Seite aus das Verständnis nicht erschwert wird.

Die vorliegende Arbeit umfaßt nicht alle Metalloxyde, deren Daten so weit bekannt sind daß Affinitätsgleichungen aufgestellt werden können. Auf ihre zusätzliche Bearbeitung mußte verzichtet werden, um die Drucklegung nicht noch weiter zu verzögern. Die Notwendigkeit zur kritischen Durcharbeitung aller verfügbaren Daten dieser Oxyde bleibt bestehen. Die gleiche Aufgabe wird sich dann, wenn genauere Messungen vorliegen, auch für die in dieser Arbeit behandelten Oxyde neu ergeben. Soweit die Gleichungen nicht errechnet wurden, können sie auf Grund der in Handbüchern zusammengefaßten Daten leicht abgeleitet werden.

Herrn Prof. KOHLMEYER, auf dessen Anregung hin die vorliegende Arbeit ausgeführt wurde, bin ich für zahlreiche Diskussionen sowie die an der Fortführung der Arbeit genommene Anteilnahme zu besonderem Dank verpflichtet. Den Herren Dr.-Ing. habil. W. LEITGEBEL und Dr. H. MICHAELIS danke ich für ihre Kritik während der Durchführung der Arbeit. Schließlich danke ich Herrn Dipl.-Ing. R. FICHTE für die Unterstützung beim Lesen der Korrekturen.

Freiberg, den 1. Mai 1949.

WERNER LANGE.

Inhaltsverzeichnis.

Inhaltsverzeichnis

I. Einleitung.

Die Anwendung der Thermodynamik in der Metallurgie ist heute noch weitgehend auf die Verwendung von Bildungs- und Reaktionswärmen beschränkt. Man verzichtet damit auf eine Möglichkeit zur Vertiefung unserer Kenntnisse von den metallurgischen Reaktionen, die bei der Fülle der zu lösenden Aufgaben auf experimentellem Wege allein nicht zu erzielen ist. Sicher wird die letzte Entscheidung beim Experiment liegen. Aufgabe der thermodynamischen Rechnung soll es jedoch sein, zu entscheiden, welches Experiment sinnvoll ist und welches nicht, um damit die Zahl der zur Lösung eines metallurgischen Problems notwendigen Experimente wirkungsvoll zu beschränken.

Wie weit die thermodynamische Betrachtung einer Reaktion in der Lage ist, ein anschauliches Bild der Reaktion zu geben, soll kurz an einem Beispiel erörtert werden.

Bei der thermischen Zinkgewinnung wird das Oxyd nach der Summenreaktion

$$ZnO + C = Zn + CO$$

reduziert. Diese Gleichung ergibt sich aus der Addition der Teilreaktionen

$$ZnO + CO = Zn + CO_2$$

und

$$CO_2 + C = 2CO,$$

welche nach der üblichen Auffassung den Reaktionsablauf bestimmen. Die Bildungswärmen und Affinitätszahlen der an diesen Umsetzungen beteiligten Stoffe sind bekannt bzw. lassen sich leicht aus vorhandenen Zahlen errechnen. In Abb. 1 ist die Temperaturabhängigkeit dieser thermodynamischen Größen für die einzelnen Stoffe aufgetragen. Es ist zu ersehen, daß die Werte für die „Bildungsenthalpien“[1] annähernd konstant bleiben und lediglich an den Schmelz- und Siedepunkten Sprünge aufweisen, deren Größe der Schmelz- bzw. Verdampfungswärme entspricht. Dagegen zeigt der Verlauf der Kurven für die „freie Bildungsenthalpie“, welche das exakte Maß für die Affinität ist, eine

[1] Wegen der Kennzeichnung der thermodynamischen Größen sei auf die Ausführungen unter II, Grundlagen der Gleichgewichtsberechnung, insbesondere auf Tab. 1, hingewiesen.

starke Temperaturabhängigkeit. Während die Werte für die Reaktion

$$Zn + \frac{1}{2} O_2 = ZnO$$

und in geringerem Maße für die Reaktion

$$CO + \frac{1}{2} O_2 = CO_2$$

mit steigender Temperatur abfallen, nehmen diejenigen für die Reaktion

$$C + \frac{1}{2} O_2 = CO$$

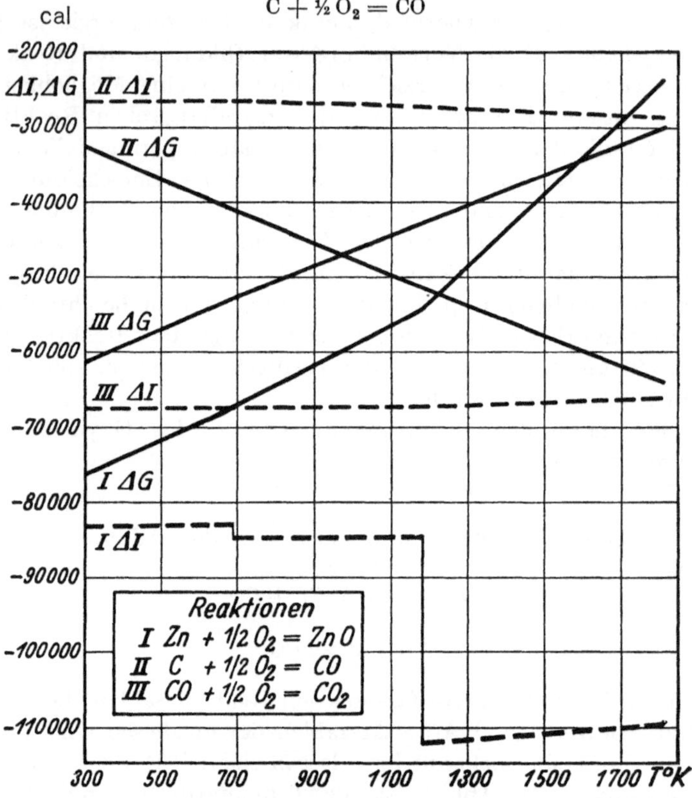

Abb. 1. Temperaturabhängigkeit der Reaktionsenthalpie ΔI und der freien Reaktionsenthalpie ΔG^0 für die Reaktionen:

I $Zn + \frac{1}{2} O_2 = ZnO$
II $C + \frac{1}{2} O_2 = CO$
III $CO + \frac{1}{2} O_2 = CO_2$

ΔI – – – –
ΔG^0 ————

beträchtlich zu. Hieraus ist deutlich die mit steigender Temperatur zunehmende Reduktionswirkung des Kohlenstoffs zu erkennen.

In Abb. 2 sind für die Reaktionen der Zinkoxydreduktion die Werte von ΔI und ΔG in Abhängigkeit von der Temperatur aufgetragen. Die Kurven für die Reaktionsenthalpie ΔI verlaufen ausschließlich im Gebiet der positiven Werte, was nach der gewählten Vorzeichengebung bei Gültigkeit des Berthelotschen Prinzips gegen die Möglichkeit eines Reaktionsablaufes sprechen würde. Dagegen fallen die Kurven für ΔG mehr oder weniger steil mit der Temperatur ab. Während für die Re-

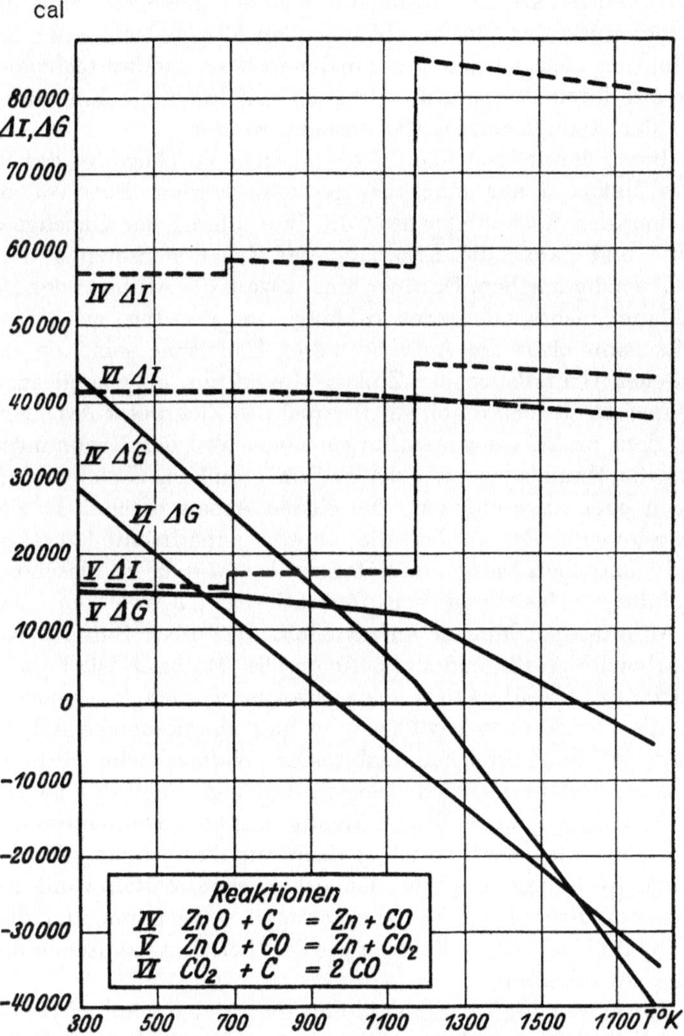

Abb. 2. Temperaturabhangigkeit der Reaktionsenthalpie ΔI und der freien Reaktionsenthalpie ΔG^0 für die Reaktionen der thermischen Zinkgewinnung.

ΔI – – – – ΔG^0 ————

duktion mit Kohlenstoff die Nullinie bei rund 945° C geschnitten wird, ist dies bei der Reduktion mit CO erst bei 1320° C der Fall. Der Verlauf dieser beiden Kurven ist mit ein Grund für die Notwendigkeit, bei der technischen Zinkoxydreduktion ein ausgedehntes Temperaturintervall zu durchlaufen. Die bei niederer Temperatur einsetzende Kohlenstoffreduktion kann nur soweit ablaufen, wie Kohlenstoff und Zinkoxyd in unmittelbare Berührung miteinander gelangen. Sind die von der Vorbereitung der Charge abhängenden Möglichkeiten der Kohlenstoffreduktion ausgenutzt, so kann die weitere und weitgehende Entzinkung nur durch Temperatursteigerung und damit zunehmender Wirksamkeit der Reduktion mit CO erreicht werden.

Mit dieser Darstellung sind die chemischen Vorgänge bei der Reduktion von Zinkoxyd nur ganz kurz gestreift worden. Eine vollständige Auswertung der Rechnung würde die Berechnung der Gleichgewichtskonstante und damit die Erfassung der Zusammensetzung der Gasphase notwendig machen. Darüber hinaus wäre die Affinität der Doppeloxydbildung, insbesondere der Bildung von Ferriten, zu berücksichtigen. Es kann nicht die Aufgabe dieser Einleitung sein, die thermodynamischen Grundlagen der Zinkoxydreduktion eingehend zu diskutieren. Es sollte jedoch an einem Beispiel das Ziel dieser Arbeit gezeigt werden, dem praktischen Metallurgen einen Teil der Rechnungsunterlagen in die Hand zu geben, die es ihm erlauben, Gleichgewichte zu berechnen oder abzuschätzen. Die eigene Arbeit beschränkt sich auf die Metalloxyde. Es werden die bereits experimentell bestimmten thermodynamischen Daten der Metalloxyde sowie die an diesen Oxyden durchgeführten Messungen von Reduktionsgleichgewichten dazu benutzt, Affinitätsgleichungen aufzustellen. Das über Sulfide, Karbide und Karbonate vorliegende experimentelle Material ist bereits von K. K. Kelley [44—51] kritisch ausgewertet worden (s. Anhang).

Mag die von Kelley gewählte und hier übernommene Art der Behandlung des umfangreichen, zahlreiche Widersprüche enthaltenden Materials die Gefahr mit sich bringen, daß von seiten des Experimentierenden eine gründliche Beschäftigung mit der Thermodynamik als überflüssig erachtet wird, so ist es doch nur durch diese „Mechanisierung" der Rechnung möglich, den erheblichen Zeitaufwand für das Sammeln und Prüfen der Zahlenunterlagen einzusparen und die Voraussetzung für eine weitere Verbreitung der thermodynamischen Rechenmethoden zu schaffen.

Die Frage, welches Vertrauen in den Wert der Rechnung bei unserer heutigen Kenntnis der thermodynamischen Eigenschaften der Stoffe gerechtfertigt ist, wird auch durch die eigene Rechnung dahingehend beantwortet, daß die Zahl und die Genauigkeit der vorliegenden Messungen im Laufe der Jahre so weit gediehen sind, daß qualitative, bei einfachen Reaktionen auch quantitative Aussagen gemacht werden können. Die noch vorhandenen Lücken zeigen jedoch, daß die Notwendigkeit zur Durchführung zahlreicher weiterer Messungen nach wie vor besteht. Es müßte Wert darauf gelegt werden, einfache Reaktionen zu untersuchen, die sich exakt auswerten lassen, um damit die Voraussetzung für die rechnerische Behandlung von komplizierteren Umsetzungen, insbesondere solchen bei Gegenwart von Mischphasen, zu schaffen.

II. Grundlagen der Gleichgewichtsberechnung.

a) Formelgrößen.

Die notwendige Festlegung auf eine bestimmte Arbeitsweise verlangt es, eine Auswahl unter den zahlreichen gebräuchlichen Kennzeichen der thermodynamischen Größen und den verschiedenen Varianten der thermodynamischen Rechenmethoden zu treffen. An Vorschlägen für eine allgemeingültige Schreibweise hat es bisher nicht gefehlt. Doch hat sich keines der angegebenen Systeme endgültig durchsetzen können. Die stärkste Verbreitung in der wissenschaftlichen Weltliteratur hat das System von G. N. LEWIS und M. RANDALL [73][1] gefunden, während in Deutschland diejenigen von A. EUCKEN [24] und W. SCHOTTKY [106] überwiegen. Das letztere ist in der metallurgischen Fachliteratur Deutschlands vor allem durch die Arbeiten von H. ULICH [119—122] bekanntgeworden.

Tab. 1 (s. S. 6) gibt in Anlehnung an H. ULICH [120] und E. LANGE [72] eine Zusammenstellung der bisherigen Vorschläge. Es ist kaum möglich, einem davon Vorzüge zuzusprechen, die seine Verwendung als besonders vorteilhaft erscheinen lassen, es sei denn den der stärkeren Verbreitung. Andererseits wird der Nachteil der vielfältigen Zeichengebung recht deutlich. Auch der geübte thermodynamische Rechner wird beim Übergang von einem Bezeichnungssystem auf ein anderes unnötig viel Aufmerksamkeit auf das Auseinanderhalten der Formelgrößen verwenden müssen. Die Schwierigkeiten werden noch dadurch erhöht, daß die Bezeichnungen für Vorgänge bei konstantem Druck und konstantem Volumen nicht eindeutig auseinandergehalten werden (s. freie Energie).

In der Wahl der Vorzeichen hat sich im Laufe der letzten Jahre eine Einigung auf den „Standpunkt des Stoffsystems" angebahnt, dem der „Standpunkt des äußeren Energiebehälters" gegenübersteht (Kennzeichnung nach E. LANGE [72]). Diese Vorzeichenwahl, bei der einem Stoffsystem zugeführte Energiebeträge positive, abgeführte Beträge negative Vorzeichen haben, entspricht dem stofflichen Denken der Chemiker und Metallurgen. Jede mit Energieumsetzung verbundene

---

[1] Das System von LEWIS und RANDALL wird in der englischen und amerikanischen Literatur fast ausschließlich angewandt. Soweit Referate russischer Arbeiten zur Verfügung standen, konnte auch dort das gleiche festgestellt werden.

Wechselwirkung zwischen einem System und seiner Umgebung wird als die Differenz der Zustandsgrößen des Systems vor und nach der Umsetzung dargestellt. Es erhalten damit auch Arbeitsbeträge ein positives Vorzeichen, wenn sie dem System zugeführt werden, und umgekehrt ein negatives Vorzeichen bei Arbeitsleistung durch das System. Die von LEWIS u. RANDALL gewählte Schreibweise, die Symbole für die

Tabelle 1. *Zusammenstellung der von verschiedenen Autoren verwendeten Formelzeichen.*

			EUCKEN [24]	SCHOTTKY, ULICH, WAGNER [106]	ULICH [120]	LEWIS u. RANDALL [73]	DIN 1345 [16]	Diese Arbeit
		Aufgenommene Arbeit	$A(=-\bar{A})$	A	A	$-w$	A	—
		Aufgenommene Wärme	Q	Q	Q	q	Q	—
Zustandsgrößen		Entropie	S	S	S	S	S	S
Zustandsgrößen	v = konstant	Innere Energie	U	U	U	E	U	U
Zustandsgrößen	v = konstant	*Freie (innere) Energie* (nach HELMHOLTZ), maximale Arbeit (nach LEWIS u. RANDALL)	$-A_r$	F	F	A	F	F
Zustandsgrößen	p = konstant	*Enthalpie*, Wärmeinhalt, Wärmefunktion	I	W	H	H	I	I
Zustandsgrößen	p = konstant	*Freie Enthalpie*, freie Energie (nach LEWIS und RANDALL), Gibbssches Potential	$-A_r$	G	G	F	G	G
Reaktionsgrößen		Änderung der Entropie, Reaktionsentropie	—	$\mathfrak{S}$	$\mathfrak{S}$	ΔS	—	ΔS
Reaktionsgrößen	v = konst.	Änderung der inneren Energie, innere Reaktionsenergie	$-W_v$	$\mathfrak{U}$	$\mathfrak{U}$	ΔE	—	ΔU
Reaktionsgrößen	v = konst.	Änderung der freien Energie, freie Reaktionsenergie	$-{}^{R}A$	$\mathfrak{K}$	$\mathfrak{A}$	ΔA	—	ΔF
Reaktionsgrößen	p = konst.	Änderung der Enthalpie, Reaktionsenthalpie	$-W_p$	$\mathfrak{W}$	$\mathfrak{H}$	ΔH	—	ΔI
Reaktionsgrößen	p = konst.	Änderung der freien Enthalpie, freie Reaktionsenthalpie	$-{}^{R}A$	$\mathfrak{K}$	$\mathfrak{A}$	ΔF	—	ΔG

Reaktionsenthalpie und die freie Reaktionsenthalpie dadurch zu bilden, daß der zur Kennzeichnung von Differenzbeträgen häufig verwandte griechische Buchstabe Δ den Symbolen der Zustandsgrößen vorgesetzt wird, entspricht dieser Definition. In der vorliegenden Arbeit wird unter Verwendung der in DIN 1345 vorgeschlagenen Symbole diese Schreibweise übernommen[1].

[1] Bei der Wahl der Symbole müssen Gesichtspunkte, die sich bei der praktischen Durchfuhrung von Rechnungen ergeben, berücksichtigt werden. Die Ver-

Der Ingenieur neigt dazu, der von einem System abgegebenen Energie ein positives Vorzeichen zu geben. Ihm ist nicht die stoffliche Umsetzung im reagierenden System Hauptzweck seiner Operationen, sondern die dabei frei werdende Energie (Standpunkt des äußeren Energiebehälters). Dieser Standpunkt ist eindeutiger als der des Metallurgen, dessen gewünschte Reaktion nicht immer mit einem Energiegewinn für das System verbunden ist. Andererseits zwingt das positive Vorzeichen für die vom äußeren Energiebehälter (ä Eb) aufgenommene Energie dazu, auch die Energieverluste mit positivem Vorzeichen einzusetzen.

In der Praxis ist es im allgemeinen nicht zulässig, nur die stoffliche Umsetzung oder den Energieaustausch zu betrachten. Die wirtschaftliche Durchführung eines metallurgischen Prozesses ist wesentlich von der Beherrschung der Energieumwandlungen abhängig, während wiederum die Energiegewinnung aus chemischen Umsetzungen eine Kontrolle der stofflichen Vorgänge verlangt. Die Notwendigkeit, gleichzeitig stofflich und energetisch denken zu können, sollte die Einführung einer allgemeingültigen Kennzeichnung erleichtern. Der Vorschlag von W. Schottky [106], nach dem bei Untersuchungen am äußeren Energiebehälter Buchstaben mit durchzogenem Minuszeichen zu verwenden sind (s. auch E. Lange [72]), scheint geeignet zu sein, die Schwierigkeiten in der Frage des Standpunktes zu überbrücken[1].

b) Rechenmethode.

Die folgende Darstellung beschränkt sich auf die Erörterung der beiden von H. Ulich sowie von G. N. Lewis und M. Randall für die Berechnung von Reaktionsgleichgewichten entwickelten Rechenarten. Auf die von A. Eucken angegebene Rechenweise wird im Rahmen dieser Arbeit nicht näher eingegangen, da sie trotz ihrer sonstigen Verbreitung keinen Eingang in die metallurgische Literatur gefunden hat. Die ihr zugrunde liegenden Gedankengänge decken sich im wesentlichen mit denen von Lewis und Randall (s. Anm. **, S. 10). Die für wärmewirtschaftliche Rechnungen entwickelten Methoden werden im Abschnitt II c kurz gestreift.

H. Ulich hat in verschiedenen Veröffentlichungen [119—122] die Ableitung des von ihm gewählten Rechenverfahrens dargestellt, so daß

---

wendung der deutschen Schriftzeichen ist vor allem nach deren Ausschaltung aus dem Schulunterricht nicht mehr zu empfehlen. Zum anderen ist die Verwendung von Buchstaben in Fettdruck zu vermeiden, da diese von Hand nur schwer zu schreiben sind.

[1] Nach diesem Vorschlag ist $A = 1$ gleichbedeutend mit $\not{A} = -1$, vorausgesetzt, daß es sich um einen reversiblen Vorgang handelt, für den die Gleichheit der Zahlenbeträge auch gilt.

es nicht notwendig ist, ausführlich darauf einzugehen. Ausgehend von der aus dem 1. und 2. Hauptsatz folgenden Grundgleichung:

$$\mathfrak{A} = \mathfrak{H} - T\,\mathfrak{S} \tag{1}$$

wird unter Verwendung der Gibbs-Helmholtzschen Gleichung

$$\left(\frac{\delta\,\mathfrak{A}}{\delta\,T} = -\,\mathfrak{S}\right) \tag{2}$$

und der Gleichung für die Temperaturabhängigkeit der Entropie

$$\left(\frac{\delta\,\mathfrak{S}}{\delta\,T} = \frac{\Sigma\,\nu\,c}{T}\right) \tag{3}$$

folgender Ausdruck abgeleitet:

$$\mathfrak{A}_T = \mathfrak{H}_\vartheta - \mathfrak{S}_\vartheta\,T - \int_\vartheta^T dt \int_\vartheta^T \frac{\Sigma\,\nu\,c}{T}\,dt\,. \tag{4}$$

Hierin bedeuten $\mathfrak{A}$ die Reaktionsarbeit (freie Reaktionsenthalpie), $\mathfrak{H}$ die Reaktionswärme (Reaktionsenthalpie), $\mathfrak{S}$ die Reaktionsentropie, die nach der Formel $\mathfrak{S} = \sum \nu\,S$ aus den Entropiezahlen der Einzelstoffe ermittelt wird, c die spezifische Wärme, ϑ die Normaltemperatur (298^0 K) und schließlich ν die an der Umsetzung beteiligten Molzahlen der einzelnen Stoffe. Bei der Summenbildung (z. B. $\sum \nu S$) sind die Zahlen für die entstehenden Stoffe mit positivem, die der verschwindenden Stoffe mit negativem Vorzeichen einzusetzen. Durch die Verwendung von Frakturbuchstaben soll angezeigt werden, daß es sich um Reaktionsgrößen handelt.

Je nach der Genauigkeit der für die spezifischen Wärmen eingesetzten Werte erhält man bei der Integration von (4) verschiedene Näherungsgleichungen. Bei der 1. Annäherung werden die spezifischen Wärmen vernachlässigt und $\sum \nu c = 0$ gesetzt. Bei der 2. Annäherung werden die spezifischen Wärmen für Raumtemperatur verwandt, so daß $\sum \nu\,c = \sum \nu\,c_{298} = a_\vartheta$ wird. Bei der 3. Annäherung schließlich wird die Temperaturabhängigkeit der spezifischen Wärmen durch Bildung eines Mittelwertes für die Wärmekapazität zwischen den Temperaturen ϑ und T berücksichtigt, so daß $\sum \nu c = \overline{\sum \nu c}^{\,\vartheta, T} = a_{\vartheta, T}$ wird. In den folgenden Gleichungen stellt der Faktor $F\left(\frac{T}{\vartheta}\right)$ einen von der Temperatur abhängigen Wert dar, der aus von H. Ulich berechneten Tabellen entnommen werden kann.

1. Annäherung: $$\mathfrak{A}_T = \mathfrak{H}_\vartheta - T\,\mathfrak{S}_\vartheta, \tag{5}$$

2. Annäherung: $$\mathfrak{A}_T = \mathfrak{H}_\vartheta - T\,\mathfrak{S}_\vartheta - a_\vartheta\,T\,F\left(\frac{T}{\vartheta}\right), \tag{6}$$

3. Annäherung: $$\mathfrak{A}_T = \mathfrak{H}_\vartheta - T\,\mathfrak{S}_\vartheta - a_{\vartheta, T}\,T\,F\left(\frac{T}{\vartheta}\right). \tag{7}$$

Zum Unterschied von H. ULICH benutzen G. N. LEWIS und M. RANDALL bei der Ableitung ihrer Gleichungen empirisch ermittelte Temperaturfunktionen für die spezifischen Wärmen. Da diese Rechnungsart im deutschen Schrifttum wenig verbreitet ist, wird ihre Ableitung, allerdings unter Verwendung der Symbole von DIN 1345, ausführlicher wiedergegeben.

Ausgehend von der Definition der freien Enthalpie

$$G = I - T\,S$$

bildet wie bei H. ULICH die Gleichung

$$\Delta G = \Delta I - T\,\Delta S \tag{1a}$$

die Grundlage für die Ableitung der Gleichungen für die Enthalpie und die freie Enthalpie[1].

Für die Temperaturabhängigkeit der Enthalpie gilt:

$$\left(\frac{\delta I}{\delta T}\right)_p = C_p, \tag{8}$$

woraus für die Reaktionswärme $\Delta\,I$ folgt

$$\left(\frac{\delta \Delta I}{\delta T}\right)_p = \Delta C_p \tag{9}$$

oder in integrierter Form

$$\Delta I = \Delta I_0 + \int_0^T \Delta C_p\,d\,T\,*. \tag{10}$$

Für die Auswertung des Integrals in dieser von KIRCHHOFF aufgestellten Gleichung ist die Kenntnis der Temperaturabhängigkeit der spezifischen Wärmen erforderlich. Für diese wurde zuerst von LEWIS und RANDALL eine Reihenentwicklung der allgemeinen Form

$$C_p = a + b\,T + c\,T^2 + d\,T^{-2}\,** \tag{11}$$

angegeben, die für ein reagierendes Stoffsystem die Form erhält

$$\Delta C_p = \Delta a + \Delta b\,T + \Delta c\,T^2 + \Delta d\,T^{-2}. \tag{12}$$

[1] Die Rechnung wird mit den für Reaktionen bei konstantem Druck geltenden thermodynamischen Größen durchgeführt. Diese Umsetzungen spielen in der Praxis eine wesentlich größere Rolle als die bei konstanten Volumen ablaufenden Reaktionen. Für diese können, von der inneren Energie U und der freien Energie F ausgehend, auf dem gleichen Weg die entsprechenden Formeln abgeleitet werden.

* Bei der Integration in den Grenzen von 0 bis T^0 K hat die Integrationskonstante ΔI_0 die Bedeutung einer Reaktionswärme am absoluten Nullpunkt. Da die für die spezifischen Wärmen eingesetzten Gleichungen nicht bis zum absoluten Nullpunkt gültig sind, kommt dem Wert von ΔI_0 keine reale Bedeutung zu. Daß die Art der Integration trotzdem zweckmäßig ist, wird noch erläutert werden.

Wie im Abschnitt IIc gezeigt wird, kann bei Berücksichtigung der bis zu tiefen Temperaturen gemessenen spezifischen Wärmen ein Wert für ΔI_0 erhalten werden, dem eine reale Bedeutung zukommt.

** An Stelle der von LEWIS und RANDALL benutzten Kennzeichen Γ_1, Γ_2 usw. sind der einfachen Schreibweise wegen a, b usw. verwandt worden.

Derartige Gleichungen wurden z. B. von K. K. KELLEY [45] abgeleitet und in das Tabellenwerk von LANDOLT-BÖRNSTEIN [71] aufgenommen. Durch Einsetzen von (12) in (10) findet man

$$\boxed{\Delta I = \Delta I_0 + \Delta a\, T + \tfrac{1}{2}\Delta b\, T^2 + \tfrac{1}{3}\Delta c\, T^3 - \Delta d\, T^{-1}.} \tag{13}$$

Für die Temperaturabhängigkeit der freien Enthalpie gilt nach GIBBS-HELMHOLTZ

$$\left(\frac{\delta G}{\delta T}\right)_p = -S \tag{14}$$

bzw.

$$\left(\frac{\delta \Delta G}{\delta T}\right)_p = -\Delta S\,. \tag{15}$$

Diese Gleichung läßt sich umformen in:

$$\frac{d(\Delta G/T)}{d T} = -\frac{\Delta I}{T^2}\,* \tag{16}$$

oder integriert

$$\frac{\Delta G}{T} = -\int_0^T \frac{\Delta I}{T^2}\, d T + Z\,. \tag{17}$$

Durch Einsetzen von Gl. (13) und nachfolgende Integration ergibt sich die Gleichung

$$\boxed{\Delta G = \Delta I_0 - \Delta a\, T \ln T - \tfrac{1}{2}\Delta b\, T^2 - \tfrac{1}{6}\Delta c\, T^3 - \tfrac{1}{2}\Delta d\, T^{-1} + Z\, T\,{**}.} \tag{18}$$

* Gl. (16) kann aus (15) durch unbestimmte Integration und darauffolgende Differentiation der durch T geteilten Gleichung ermittelt werden. Sie kann auch direkt aus (1a) abgeleitet werden.

$$\frac{\Delta G}{T} = \frac{\Delta I}{T} - \Delta S\,, \qquad \frac{d(\Delta G/T)}{d T} = \frac{1}{T}\,\frac{\delta \Delta I}{\delta T} - \frac{\Delta I}{T^2} - \frac{\delta \Delta S}{\delta T}\,.$$

Auf Grund der Gleichungen $\frac{\delta \Delta S}{\delta T} = \frac{\Delta C_p}{T}$ und $\frac{\delta \Delta I}{\delta T} = \Delta C_p$ können das erste und dritte Glied der abgeleiteten Formel gestrichen werden.

** Die entsprechende Gleichung bei A. EUCKEN [24] lautet:

$$4{,}573\, \Delta \Sigma \log p_{gl} = -\frac{\Delta \Sigma I_0}{T} + \Delta \Sigma C_{p_0} \ln T + \int_0^T \frac{d T}{T^2} \int_0^T \Delta \Sigma C_s\, d T + J_K \cdot 4{,}573\,. \tag{21}$$

Sieht man von den Abweichungen in der Schreibweise ab, so läßt sich diese Gleichung durch Multiplikation mit T und Einsetzen von Werten für C_{p_0} und C_s leicht in (18) umwandeln. Die Ermittlung der Integrationskonstanten, die bei Verwendung von Gleichungen für die spezifischen Wärmen um den Faktor 4,573 kleiner ist als Z bei LEWIS und RANDALL, kann wieder durch Auswertung von Gleichgewichtsmessungen erfolgen. EUCKEN führt allerdings diesen Schritt, das Einsetzen von Gleichungen für die spezifischen Wärmen, nicht durch, so daß $J_K = \Delta\, \Sigma j_k$ als Differenz zwischen den Summen der „chemischen Konstanten" j_k der vor bzw. nach Ablauf der Reaktion vorhandenen Stoffe eine reale Bedeutung hat.

In dieser Gleichung läßt sich nun die Integrationskonstante Z (von Lewis und Randall mit I bezeichnet), deren Zusammenhang mit ΔS noch erläutert wird, ermitteln, wenn ΔI_0 und für eine beliebige Temperatur ΔG bekannt sind.

Es ist nun in gleicher Weise wie bei Ulich möglich, vereinfachende Annahmen in bezug auf die spezifischen Wärmen zu machen. Der Unterschied in den beiden Rechenmethoden besteht darin, daß dies bei Ulich vor der Integration geschieht, dagegen bei Lewis und Randall an der für ΔG entwickelten Gleichung, die dann folgendermaßen aussieht:

1. Annäherung: $\Delta C_p = 0, \quad \Delta G = \Delta I_0 + Z\,T,$ (19)

2. Annäherung: $\Delta C_p = a, \quad \Delta G = \Delta I_0 - \Delta a\,T \ln T + Z\,T$*. (20)

Die Gl. (18) geht, da eine die Temperaturabhängigkeit enthaltende Gleichung fur ΔC_p verwandt wird, in der Genauigkeit über die 3. Annäherung nach Ulich hinaus.

Ein Unterschied zwischen den beiden Systemen besteht darin, daß Ulich seine Rechnung auf den für Raumtemperatur ermittelten Standardzahlen aufbaut während Lewis und Randall einen hypothetischen, für 0^0 K gültigen Wert ermitteln. Die Ulichsche Rechnung hat dadurch sowie durch die Beibehaltung der Entropie den Vorteil der größeren Anschaulichkeit. Sollte dieser Gesichtspunkt auch beim System von Lewis und Randall berücksichtigt werden, so würde bei Verwendung der vollständigen Gleichung für die spezifischen Wärmen die Rechnung so umständlich werden, daß der durch die stets gebrauchsfertige Affinitätsgleichung gegebene Vorteil aufgehoben wird[1].

---

* Der Zusammenhang zwischen Z und ΔS kann durch Kombination der Gln. (1a), (10) und (17) hergestellt werden. Die allgemeine Form lautet:

$$Z = -\Delta S + \frac{1}{T}\int \Delta C_p\,dT + \int \frac{dT}{T^2}\int \Delta C_p\,dT. \tag{22}$$

Durch Einsetzen der für die einzelnen Genauigkeitsstufen gewählten Ausdrücke für ΔC_p folgt hieraus:

1. Annäherung: $Z = -\Delta S,$

2. Annäherung: $Z = -\Delta S + \Delta a\,(1 + \ln T),$

Ausführliche Gleichung: $Z = -\Delta S + \Delta a\,(1 + \ln T) + \Delta b\,T + \tfrac{1}{2}\Delta c\,T^2 - \tfrac{1}{2}\Delta d\,T^{-2}.$

[1] Die vollständige Gleichung für ΔG würde bei Beibehaltung des Entropiewertes folgendermaßen aussehen:

$$\Delta G = \Delta I_0 + \Delta a\,T\,(1 - \ln T) - {}^1/_2\,\Delta b\,T^2 - {}^1/_6\,\Delta c\,T^3 - {}^1/_2\,\Delta d\,T^{-1} - T\,\Delta S_0,$$

wobei zwischen ΔS_0 und Z die Beziehung $\Delta S_0 = -Z + \Delta a$ gilt. Die Bezugnahme auf Raumtemperatur ergibt folgende Gleichung:

$$\begin{aligned}\Delta G = \Delta I_{298} - T\,\Delta S_{298} - {} & \Delta a\,T\left(\frac{\ln T}{298} - 1 + \frac{298}{T}\right) - \\ & - {}^1/_2\,\Delta b\,T^2\left(1 - 2\cdot\frac{298}{T} + \frac{298^2}{T^2}\right) - \\ & - {}^1/_6\,\Delta c\,T^3\left(1 - 3\cdot\frac{298^2}{T^2} + 2\cdot\frac{298^3}{T^3}\right) - \\ & - {}^1/_2\,\Delta d\,T^{-1}\left(1 - \frac{2\,T}{298} + \frac{T^2}{298^2}\right).\end{aligned}$$

Wertet man die in Klammern gesetzten Ausdrücke für beliebig zu wählende Temperaturen aus, so kann mit den damit erhaltenen Werten die Rechnung ähnlich der von H. Ulich angegebenen Rechenweise durchgeführt werden.

Mit ΔG ist eine Zahl gewonnen, die ein quantitatives Maß für die Triebkraft einer Reaktion ist. Für eine große Zahl einfacher Verbindungen sind diese Werte bekannt. Da sie sowohl von der Temperatur als auch vom Druck, bei Vorliegen von Lösungen auch von der Konzentration abhängig sind, ist es notwendig, diese Zahlen auf einen Normalzustand zu beziehen, der beliebig definiert werden kann. Es ist üblich, feste oder flüssige Stoffe von der Konzentration 1 oder reine Gase unter dem Druck von 1 Atmosphäre als im Normalzustand befindlich anzusehen. Die für die Kennzeichnung des Normalzustandes getroffene Wahl ist willkürlich und lediglich wegen ihrer Zweckmäßigkeit vorgenommen worden. (Eine ausführliche Behandlung dieser Fragen siehe bei G. N. LEWIS und M. RANDALL [73].) Die fur den Normalzustand gültigen Werte werden durch eine dem Symbol hinzugefügte, hochgestellte Null gekennzeichnet (ΔG^0).

Bei der Bildung von Verbindungen aus den Elementen wird ΔG^0 als „freie Bildungsenthalpie" bezeichnet, die im allgemeinen für eine Temperatur von 25° C angegeben wird (ΔG^0_{298}; Standardwert der freien Enthalpie).

Für eine beliebige Reaktion,

$$a\,A + b\,B = s\,S + t\,T, \tag{23}$$

deren Stoffe im Normalzustand vorliegen, ergibt sich die „freie Reaktionsenthalpie" — die „freie Reaktionsenthalpie" ist ein kürzerer, jedoch weniger genauer Ausdruck für die Änderung der freien Enthalpie bei Ablauf einer Reaktion —, die in Anlehnung an ULICH [120] auch als der „Grundbetrag der freien Enthalpie" bezeichnet werden kann, zu

$$\Delta G^0 = s\,\Delta G^0_S + t\,\Delta G^0_T - a\,\Delta G^0_A - b\,\Delta G^0_B\,. \tag{24}$$

Bei den meisten Reaktionen der Praxis liegen die beteiligten Stoffe nicht im Normalzustand vor. Die hierdurch bewirkte Änderung der Reaktionsaffinität muß bei der Rechnung berücksichtigt werden. Die durch den Lösungsvorgang bewirkte Affinitätsänderung, welche ULICH [120] als den „Restbetrag der freien Enthalpie" bezeichnet, wird der Schreibweise von LEWIS und RANDALL entsprechend mit $\bar{G}$ gekennzeichnet. Für die Überführung eines Stoffes A aus dem Normalzustand in einen beliebigen anderen Zustand mit der molaren Konzentration (A) ist der Zahlenwert bei idealem Verhalten der Lösung durch die Gleichung gegeben:

$$\bar{G}_A = -R\,T\ln(A)\,. \tag{25}$$

Die Gleichung der freien Enthalpie der Reaktion (23) nimmt bei beliebigen Ausgangs- und Endzuständen der Reaktionspartner folgende Form an:

$$\begin{aligned}\Delta G &= \Delta G^0 + s\,\bar{G}_S + t\,\bar{G}_T - a\,\bar{G}_A - b\,\bar{G}_B\\ &= \Delta G^0 + \Sigma\,\nu\,\bar{G}\,.\end{aligned} \tag{26}$$

Setzt man die der Gl. (25) entsprechenden Ausdrücke ein, so erhält man:

$$\Delta G = \Delta G^0 + R\,T \ln \frac{(S)^s\,(T)^t}{(A)^a\,(B)^b} \tag{27}$$

Herrscht in einem System Gleichgewicht, so wird $\Delta G = 0$. Da für eine bestimmte Temperatur ΔG^0 konstant ist, wird damit auch der Konzentrationsquotient einen konstanten Wert K_p annehmen. Die damit erhaltene, als Reaktionsisotherme bekannte, das Massenwirkungsgesetz enthaltende Gleichung für das Gleichgewicht lautet nun

$$\Delta G^0 = -R\,T \ln \left(\frac{(S)^s\,(T)^t}{(A)^a\,(B)^b}\right)_{gl}^{*} = -R\,T \ln K_p\,. \tag{28}$$

Aus (27) wird damit:

$$\Delta G = R\,T \ln \frac{(S)^s\,(T)^t}{(A)^a\,(B)^b} - R\,T \ln K_p\,. \tag{29}$$

Das erste Glied der rechten Seite von Gl. (29) stellt die Zusammenfassung der „Restbeträge der freien Enthalpie“ dar, die sich ausschließlich aus der Konzentrationsabhängigkeit der freien Enthalpie ergeben. Der Ausdruck $-R\,T \ln K_p$ gibt dagegen den „Grundbetrag der freien Enthalpie“ an, der bei der Auswertung von Gleichgewichtsmessungen erhalten wird. Er ist nach den eben gemachten Ausführungen gleichbedeutend mit dem Betrag der freien Enthalpie, der bei einer Reaktion umgesetzt wird, an der die einzelnen Stoffe im Normalzustand teilnehmen.

Bei der Wahl zwischen den beiden kurz geschilderten Rechenverfahren war zu beachten, daß in der vorliegenden Arbeit neben den kalorimetrisch gewonnenen Wärmezahlen auch die an Metalloxyden gemessenen Reduktionsgleichgewichte auszuwerten waren. Wenn auch die Genauigkeit der aus diesen Messungen für Raumtemperatur errechneten thermodynamischen Zahlen diejenige der kalorimetrisch ermittelten im allgemeinen nicht erreicht, so ist ihr Wert für die Kontrolle der Rechnung beim Übergang auf hohe Temperaturen außerordentlich groß. Häufig wurden die Gleichgewichtsmessungen in einem Temperaturgebiet durchgeführt, das bei thermodynamischen Rechnungen interessiert. Ihre Verwertung gibt also eine Kontrolle sowohl der auf thermischem Wege für Raumtemperaturen erhaltenen Zahlen als auch der bei der Umrechnung auf hohe Temperaturen verwandten spezifischen Wärmen.

Bei der Durchführung von Rechnungen zeigt es sich, daß das System von Lewis und Randall besonders gut für die Auswertung von Gleichgewichtsmessungen geeignet ist. Durch Umformung von (18) erhält man

$$\frac{\Delta I_0}{T} + Z = \frac{\Delta G^0}{T} + \Delta a \ln T + {}^1/_2\,\Delta b\,T + {}^1/_6\,\Delta c\,T^2 + {}^1/_2\,\Delta d\,T^{-2} = \Sigma\,. \tag{30}$$

Die unter dem Summenzeichen Σ zusammengefaßte rechte Seite von (30) kann bei Kenntnis von ΔG^0 und der Gleichungen für die spezi-

* Das Anfügen des *gl* soll anzeigen, daß der in Klammern gesetzte Quotient aus den Gleichgewichtskonzentrationen zu errechnen ist.

fischen Wärmen errechnet werden. Jede Messung ergibt eine Gleichung mit den beiden Unbekannten ΔI_0 und Z, deren Ermittlung bei der Auswertung einer größeren Zahl von Gleichgewichtsmessungen zweckmäßigerweise graphisch durchgeführt wird, da hierbei gleichzeitig eine Mittelwertbildung möglich ist[1].

Die somit gefundene Affinitätsgleichung und die gleichzeitig mit ihr festgelegte Gleichung für die Reaktionsenthalpie haben nur in einem bestimmten, durch das Auftreten von Umwandlungs-, Schmelz- oder Siedepunkten begrenzten Temperaturbereich Gültigkeit. Beim Überschreiten dieser Grenzen sind unter Berücksichtigung der damit verbundenen Wärmeeffekte und der in den spezifischen Wärmen eingetretenen Änderungen neue Gleichungen aufzustellen. Die neuen Werte für ΔI_0 und Z sind leicht zu bestimmen. Der mit dem Umrechnen von Gleichgewichten auf andere Temperaturen verbundene Zeitaufwand hängt also von der Zahl der dabei zu berücksichtigenden Zustandsänderungen ab.

Anschließend an die Beschreibung des gewählten Rechenverfahrens ist es notwendig, noch kurz auf die mit der Gültigkeit des Massenwirkungsgesetzes zusammenhängenden Fragen einzugehen.

Bei der Aufstellung der thermodynamischen Gleichungen für die Bildung der einzelnen Metalloxyde werden gemessene Reduktionsgleichgewichte ausgewertet. Da bei Atmosphärendruck und den Versuchstemperaturen die für die Gleichgewichtsmessungen verwendeten Gase praktisch ideales Verhalten zeigen, ist, falls die Bodenkörper im Normalzustand, d. h. als die reinen Stoffe vorliegen, die Berechnung der Gleichgewichtskonstanten allein unter Verwendung der gemessenen Partialdrücke möglich. Treten als Bodenkörper Mischphasen mit einem idealen Lösungen entsprechenden Verhalten auf, so werden in (28) neben den Partialdrücken die molaren Konzentrationen N der einzelnen, in den kondensierten Phasen vorhandenen Stoffe eingesetzt.

Diese einfache Art der Auswertung von Gleichgewichtsmessungen ist nicht mehr möglich, wenn die Lösungen vom idealen Verhalten abweichen, da hierdurch das Massenwirkungsgesetz und damit die Gln. (27) bis (29) ihre Gültigkeit verlieren. Der von G. N. LEWIS und M. RANDALL [73] eingeführte Begriff der Aktivität a erlaubt es nun, auch die bei Gegenwart realer Lösungen gemessenen Gleichgewichte auszuwerten.

Die Aktivität wird meist so definiert, daß sie bei einem Stoff im Normalzustand den Wert 1 besitzt. Im Bereich der Gültigkeit des Raoultschen und des

[1] In der Gleichung einer Geraden $y = mx + n$ ist $m = \tan\varphi$, wenn φ die Steigung der Geraden angibt. Auf gleiche Weise wird in der Gleichung $\Sigma = \frac{\Delta I_0}{T} + Z$ durch Auftragen von Σ gegen $1/T$ der Wert für ΔI_0 als Tangens des Steigungswinkels gewonnen.

Henryschen Gesetzes, d. h. im Bereich idealen Verhaltens verdünnter Lösungen, stimmen Aktivität und molare Konzentration N überein. Im übrigen Konzentrationsgebiet kann je nach der Eigenart der untersuchten Lösungen a größere oder kleinere Werte als N annehmen. Der Quotient aus a und dem Molenbruch N wird als der Aktivitätskoeffizient f bezeichnet. Seine Abweichung vom Wert 1 ist ein Maß für das Abweichen vom idealen Verhalten.

Die Gln. (27) bis (29) können nun so geändert werden, daß an Stelle des Konzentrationsquotienten der Aktivitätsquotient gesetzt wird, wie es im folgenden für (28) und (29) geschehen ist. Die früheren Überlegungen gelten in gleicher Weise für diese neuen Gleichungen.

$$\Delta G^0 = -R\,T \ln\left(\frac{a_S^s\, a_T^t}{a_A^a\, a_B^b}\right)_{gl} = -R\,T \ln K_p, \tag{31}$$

$$\Delta G = R\,T \ln \frac{a_S^s\, a_T^t}{a_A^a\, a_B^b} - R\,T \ln K_p. \tag{32}$$

Die Kenntnisse über die Aktivitäten sind zur Zeit noch recht mangelhaft. Es ist daher notwendig zu untersuchen, wie weit der Wert der thermodynamischen Rechnung durch das Fehlen dieser Zahlen herabgesetzt wird. Die Auswertung von Gleichgewichtsmessungen, welche bei hohen Temperaturen an Lösungen durchgeführt werden, zeigen, daß die Anwendung des Massenwirkungsgesetzes im allgemeinen zu guter Übereinstimmung der einzelnen Werte führt. Insbesondere für Metall-Schlacken-Gleichgewichte haben F. Körber und W. Oelsen [56—60] sowie Fontana und J. Chipman [27] und James White [128] gefunden, daß die Abweichungen vom idealen Massenwirkungsgesetz so gering sind, daß man auf die Anwendung komplizierterer Gesetze verzichten kann. Im Gegensatz hierzu vertritt P. Drossbach [17] die Ansicht, daß die Voraussetzungen für die Gültigkeit des idealen Massenwirkungsgesetzes auch bei Schlacken nur in den seltensten Fällen gegeben sind. Aus den Ausführungen von Drossbach ist jedoch ebenfalls zu entnehmen, daß bei Rechnungen die Genauigkeit der experimentellen Bestimmungen des chemischen Gleichgewichtes im allgemeinen erreicht wird.

Diese Feststellungen treffen vor allem dann zu, wenn die einzelnen Komponenten einer Schmelze über das gesamte Konzentrationsbereich, also mit Gehalten von 0 bis 100%, vollständig ineinander löslich sind und zum anderen keine Neigung zu einer Verbindungsbildung besteht. Sind diese Voraussetzungen nicht erfüllt, so wird die chemische Wirksamkeit der einzelnen Komponenten beeinflußt und damit das Massenwirkungsgesetz nicht mehr über das gesamte Konzentrationsbereich, sondern, wie bereits erwähnt, nur noch im Bereich der Gültigkeit des Henryschen und Raoultschen Gesetzes anwendbar sein. Im übrigen Konzentrationsbereich können in diesen Fällen nur bei Kenntnis der

Aktivitäten gleichbleibende Werte der Gleichgewichtskonstante erreicht werden. Dieser Wert muß dann mit der auf Grund einer thermodynamischen Rechnung ermittelten Zahl für K_p übereinstimmen.

Die mit dem Abweichen vom idealen Verhalten zusammenhängenden Fragen sind in der Literatur eingehend behandelt worden [s. u. a. 73; 106; 119]. Im zweiten Beispiel des letzten Abschnittes dieser Arbeit wird von einer Möglichkeit zur Berechnung von Aktivitäten Gebrauch gemacht. Hier sei nur kurz auf folgende Überlegung hingewiesen.

Aus der allgemeinen Gleichung für partielle molare Größen läßt sich für binäre Systeme folgender, als die Duhem-Margulessche Gleichung bekannter Ausdruck ableiten:

$$N_1\left(\frac{\delta \ln a_1}{\delta N_1}\right)_{P,T} = N_2\left(\frac{\delta \ln a_2}{\delta N_2}\right)_{P,T}. \qquad (33)$$

Aus dieser Gleichung folgt, daß a_1 und a_2 jeweils gleichzeitig größer oder kleiner als 1 sind. Wendet man die Gln. (27) bis (29) auf ein Metall-Schlacken-Gleichgewicht an, so sind die Komponenten der beiden Phasen auf Zähler und Nenner verteilt. Die Abweichungen vom idealen Verhalten kommen also nur soweit zur Auswirkung, wie sich die der Phase nach zusammengehörenden Aktivitätskoeffizienten voneinander unterscheiden.

c) Reaktionsthermodynamik und Stoffthermodynamik.

Die Einführung der Thermodynamik in die Metallurgie geschieht, wie die Veröffentlichungen der letzten Jahre zeigen, von zwei Seiten aus. Der Reaktionsthermodynamiker bringt gut ausgearbeitete, zur Behandlung von Reaktionen geeignete Rechenmethoden, während der Stoffthermodynamiker die Stoffe eingehend untersucht hat und erst mit den so gewonnenen Zahlen zur Berechnung von Gleichgewichten übergeht. Das parallele Auftreten dieser verschiedenartigen Rechenmethoden im metallurgischen Schrifttum bringt die Gefahr mit sich, daß die nützliche Anwendung der Thermodynamik eher erschwert als gefördert wird.

Der an der stofflichen Umsetzung interessierte Betrachter behält in erster Linie die Reaktion im Auge, sieht sie als gegeben an und untersucht die sich einstellenden Gleichgewichte, mißt Reaktionswärmen, Reaktionsdrucke usw. Es ist also nur natürlich, daß er seine thermodynamischen Gleichungen so ableitet, daß sie eine einfache Auswertung seiner Meßergebnisse erlauben.

Im Gegensatz hierzu war es der Stoffthermodynamik zunächst darum zu tun, Aussagen über das physikalische Verhalten der einzelnen Stoffe machen zu können. Die betrachteten Vorgänge — Verdampfung, adiabatische Arbeitsleistung, Joule-Thomson-Effekt usw. — waren rein physikalischer Natur. Ihre Lösung war möglich bei eingehender Kenntnis der Druck- und Temperaturabhängigkeit der thermodynamischen Eigenschaften des Stoffes, mit dem der jeweilige Prozeß durchgeführt werden sollte.

Bei der Darstellung der Stoffeigenschaften sind die graphischen Verfahren besonders vorteilhaft zu verwenden. Durch geeignete Wahl der Koordinaten — z. B. Temperatur-Entropie-Diagramm — wird die Ermittlung der gesuchten Größen auf das leicht durchführbare Messen von Strecken oder Flächen zurückgeführt. Die gleichzeitige Änderung der Zustandsgrößen durch Druck und Temperatur kann durch Eintragen von Kurvenscharen dargestellt werden. Ein weiterer Vorzug der graphischen Darstellung ist, daß der dritte Hauptsatz von vornherein bei der Ermittlung aller Größen berücksichtigt wird, unbestimmte Integrationskonstanten also vermieden werden.

Bei der Behandlung von Reaktionen nach der von den Stoffthermodynamikern gewählten Arbeitsweise ist es notwendig, daß von allen beteiligten Stoffen Diagramme vorliegen und weiter die mit der Reaktion verbundene Wärmetönung bekannt ist. Die Aufstellung dieser Diagramme ist bisher fast ausschließlich auf die technischen Gase beschränkt geblieben. Dies hängt u. a. wohl damit zusammen, daß bei festen und flüssigen Stoffen der Druckeinfluß vernachlässigt werden kann. Es entfällt damit ein wesentlicher, durch die graphische Darstellung gegebener Vorteil.

Bei der Behandlung der Thermodynamik der Mischphasen liegen jedoch wieder Verhältnisse vor, die eine bisher noch nicht durchgeführte graphische Behandlung als nützlich erscheinen lassen. An Stelle der für verschiedene Drucke aufgezeichneten Kurvenscharen können solche für verschiedene Konzentrationen bzw. Aktivitäten treten.

Die Gegenüberstellung von Reaktions- und Stoffthermodynamik und die damit in Zusammenhang gebrachte Bevorzugung der rechnerischen Methoden auf der einen Seite, der graphischen Methoden auf der anderen hat die Gegensätze etwas stärker hervorgehoben, als es dem Sachverhalt entspricht. Dies schien notwendig, um das Gewinnen eines Überblicks zu erleichtern. An Hand der Gl. (28) soll das bisher Gesagte noch kurz erläutert werden.

In der Reaktionsthermodynamik wird durch

$$-RT\ln K_p = \Delta G^0$$

unmittelbar der Zusammenhang zwischen der Gleichgewichtskonstante und der Änderung der freien Enthalpie ΔG^0 hergestellt. In der Stoffthermodynamik wird die Gleichung folgendermaßen aussehen:

$$-RT\ln K_p = (\Sigma I_T - \Sigma T S_T)_{nach} - (\Sigma I_T - \Sigma T S_T)_{vor} - W_0, \quad (34)$$

$$= \Sigma G_{T\,nach} - \Sigma G_{T\,vor} - W_0. \quad (34\,a)$$

Hierin bedeuten S_T, I_T und G_T Entropie, Enthalpie und freie Enthalpie der einzelnen an der Reaktion beteiligten Stoffe bei der Temperatur T, wobei für $T = 0$ S, I und G gleich Null gesetzt worden sind („absolute Zustandsgrößen"). Der auf der chemischen Umsetzung beruhende Energiebetrag W_0 erscheint unabhängig als die bei 0^0 K auftretende Wärmetönung, die in Gl. (34) bei einer exothermen Reaktion positiv einzusetzen ist.

Will man in der Formel (34a) zum Ausdruck bringen, daß unter G_T die „absolute" freie Enthalpie der einzelnen Stoffe zu verstehen ist, so schreibt man:

$$-RT\ln K_p = \Sigma\,(G - U_0)_{nach} - \Sigma(G - U_0)_{vor} - W_0, \quad (35)$$

wobei U_0 die innere Energie am absoluten Nullpunkt darstellt.

Der Vergleich von (28) und (34a) zeigt, daß in (34a) die Änderung der freien Enthalpie in einen konstanten und einen von der Temperatur abhängigen Teil zerlegt worden ist:

$$\Delta G^0 = \Sigma G_{T\,nach} - \Sigma G_{T\,vor} - W_0 .$$

Diese Gleichung weist auf eine Möglichkeit hin, Stoff- und Reaktionsthermodynamik zusammenzufassen, wobei auch die zwischen dem „Standpunkt des Stoffsystems" und dem „Standpunkt des äußeren Energiebehälters" bestehenden Gegensätze überbrückt werden können (s. Tab. 2).

Tabelle 2. *Vergleich von Größen aus Stoffthermodynamik und Reaktionsthermodynamik.*

Stoffthermodynamik	Reaktionsthermodynamik	Formelmäßiger Zusammenhang
Entropie S	Änderung der Entropie ΔS	$\Delta S = \Sigma S_{nach} - \Sigma S_{vor}$
Innere Energie U	Änderung der inneren Energie ΔU	$\Delta U = \Sigma U_{nach} - \Sigma U_{vor} - W_0$
Enthalpie I	Änderung der Enthalpie ΔI	$\Delta I = \Sigma I_{nach} - \Sigma I_{vor} - W_0$
Freie (innere) Energie F	Änderung der freien (inneren) Energie ΔF	$\Delta F = \Sigma F_{nach} - \Sigma F_{vor} - W_0$
Freie Enthalpie G	Änderung der freien Enthalpie ΔG	$\Delta G = \Sigma G_{nach} - \Sigma G_{vor} - W_0$
Reaktionswärme bei konst. Druck $W_p (= -\Delta I)$		$W_p = W_0 - \Sigma I_{nach} + \Sigma I_{vor}$
bei konst. Volumen $W_V (= -\Delta U)$		$W_V = W_0 - \Sigma U_{nach} + \Sigma U_{vor}$
bei $T = 0$ W_0		

III. Affinitätsgleichungen vom Kohlenmonoxyd, Kohlendioxyd und Wasserdampf.

Die in dieser Arbeit ausgewerteten Gleichgewichtsmessungen an Metalloxyden sind mit H_2/H_2O- oder CO/CO_2-Gemischen durchgeführt worden. Für die chemische Auswertung dieser Messungen ist es notwendig, daß die Affinitätsgleichungen der einzelnen Gase bekannt sind. Ihre Ableitung erfolgt daher an erster Stelle. Um den Gang der Rechnung klarzumachen, werden hierbei die einzelnen Rechenoperationen ausführlich wiedergegeben. Zunächst folgt die Aufstellung der Gleichungen für die Reaktion $CO + \frac{1}{2}\,O_2 = CO_2$.

Die Gleichungen für die spezifischen Wärmen werden einer Arbeit von KELLEY [45] entnommen. Sie geben die von E. JUSTI [42] angegebenen Zahlen in einem großen Temperaturbereich mit einem maximalen Fehler von 3 % wieder. In der von KELLEY für CO_2 angegebenen Gleichung wurde das letzte Glied nach den von E. JUSTI angegebenen Zahlen von $-1{,}96 \cdot 10^5\, T^{-2}$ auf $-2{,}30 \cdot 10^5\, T^{-2}$ korrigiert. Es wird dadurch eine bessere Übereinstimmung im mittleren Temperaturbereich erzielt. Da das letzte Glied nur bei niedrigen Temperaturen die Rechnung wesentlich beeinflußt, geht bei dieser Korrektur die Möglichkeit nicht verloren, die von KELLEY abgeleiteten und die eigenen Gleichungen der freien Enthalpie gemeinsam verwenden zu können. Um diese Möglichkeit zu erhalten, wird davon abgesehen, eine bis zu höheren Temperaturen besser stimmende Gleichung abzuleiten.

$$O_2 : C_p = 8{,}27 + 0{,}26 \cdot 10^{-3}\, T - 1{,}88 \cdot 10^5\, T^{-2} \quad (3\% \text{ von } 80 \text{ bis } 1700^0\,\text{C}),$$
$$CO : C_p = 6{,}60 + 1{,}20 \cdot 10^{-3}\, T \quad (3\% \text{ von } 0 \text{ bis } 1650^0\,\text{C}),$$
$$CO_2 : C_p = 10{,}34 + 2{,}74 \cdot 10^{-3}\, T - 2{,}30 \cdot 10^5\, T^{-2} \quad (3\% \text{ von } 30 \text{ bis } 1200^0\,\text{C}).$$

Die Änderung der Enthalpie für die genannte Reaktion gibt W. A. ROTH [57] zu -67650 cal/Mol bei 20^0 C an.

Auf Grund der bisherigen Angaben folgt nun:

$$\begin{array}{r|l}
+ & CO_2 : \; C_p = 10{,}34 + 2{,}74 \cdot 10^{-3}\, T - 2{,}30 \cdot 10^5\, T^{-2}, \\
- & CO : \; C_p = 6{,}60 + 1{,}20 \cdot 10^{-3}\, T, \\
- & \tfrac{1}{2} O_2 : \; C_p = 4{,}14 + 0{,}13 \cdot 10^{-3}\, T - 0{,}94 \cdot 10^5\, T^{-2}.
\end{array}$$

$$CO + \tfrac{1}{2} O_2 = CO_2 : \Delta C_p = -0{,}40 + 1{,}41 \cdot 10^{-3}\, T - 1{,}36 \cdot 10^5\, T^{-2},$$
$$\Delta I = \Delta I_0 - 0{,}40\, T + 0{,}71 \cdot 10^{-3}\, T^2 + 1{,}36 \cdot 10^5\, T^{-1},$$
$$\Delta G^0 = \Delta I_0 + 0{,}92\, T \lg T - 0{,}71 \cdot 10^{-3}\, T^2 + 0{,}68 \cdot 10^5\, T^{-1} + Z\, T.$$

Aus $\Delta I_{293} = -67650$ folgt $\Delta I_0 = -68060$. Die Bestimmung von Z ist mit Hilfe der von KASSEL (zit. in [71]) aus spektroskopischen Daten für Temperaturen von 300 bis 3500^0 K errechneten Gleichgewichtskonstanten möglich. Es ist dazu notwendig, die Gleichung für ΔG^0 auf folgende Form zu bringen:

$$\frac{\Delta I_0}{T} + Z = \frac{\Delta G^0}{T} - 0{,}92 \lg T + 0{,}71 \cdot 10^{-3}\, T - 0{,}68 \cdot 10^5\, T^{-2} = \Sigma .$$

Die Auswertung ist aus Tab. 3 zu ersehen. Das Auftragen von Σ gegen $1/T$ gibt eine Gerade, deren Neigungswinkel zu $\Delta I_0 = -67980$ führt. Mit Ausnahme der für die drei höchsten Temperaturen ermittelten Werte stimmen die Z-Werte praktisch überein, während mit $\Delta I_0 = -68060$ die maximale Abweichung 0,25 Einheiten betragen würde. Es wird dem graphisch ermittelten Wert der Vorzug gegeben. Die endgültigen Gleichungen lauten nun:

$$CO + \tfrac{1}{2} O_2 = CO_2,$$
$$\Delta I = -67980 - 0{,}40\, T + 0{,}71 \cdot 10^{-3}\, T^2 + 1{,}36 \cdot 10^5\, T^{-1}, \tag{36}$$
$$\Delta G^0 = -67980 + 0{,}92\, T \lg T - 0{,}71 \cdot 10^{-3}\, T^2 + 0{,}68 \cdot 10^5\, T^{-1} + 19{,}25\, T, \tag{37}$$
$$\Delta I_{298} = -67580, \quad \Delta G^0_{298} = -61400, \quad \Delta S_{298} = -20{,}74.$$

Für die Entropien können dem LANDOLT-BÖRNSTEIN [71] folgende, durch Tieftemperatur-Messungen der spezifischen Wärmen bzw. statistische Berechnungen gewonnene Werte entnommen werden:

$$CO : S_{298} = 47{,}28 \pm 0{,}01,$$
$$CO_2 : S_{298} = 51{,}08 \pm 0{,}1,$$
$$O_2 : S_{298} = 49{,}02 \pm 0{,}01.$$

Diese Zahlen, die auch durch neuere Veröffentlichungen praktisch nicht verändert wurden, ergeben $\Delta S_{298} = -20{,}71$. Dieser Wert stimmt gut mit der eigenen Rechnung überein.

Nun folgt die Rechnung für die Reaktionen $C + \frac{1}{2} O_2 = CO$ und $C + O_2 = CO_2$. Für die spezifische Wärme von Graphit gibt KELLEY [45] folgende Gleichung an:

$$C\,(\beta\text{-Graphit})^1 : C_p = 2{,}67 + 2{,}62 \cdot 10^{-3}\,T - 1{,}17 \cdot 10^5\,T^{-2}.$$

Die Reaktionsenthalpie bei der Verbrennung von Graphit zu Kohlensäure beträgt nach W. A. ROTH [92] -94030 ± 11 cal/Mol bei 25° C.

Für die Bildungsenthalpie von CO als Differenz zwischen dieser Zahl und dem oben für die Reaktion $CO + \frac{1}{2} O_2 = CO_2$ gefundenen Wert erhält man -26450.

Die freie Enthalpie der Reaktion $C\,(\beta\text{-Gr.}) + \frac{1}{2} O_2 = CO$ kann nun mit Hilfe der Entropien aus der Änderung des Wärmeinhaltes abgeleitet werden. Die Entropie von β-Graphit ist als Mittelwert aus verschiedenen Angaben [46; 71] zu 1,35 anzunehmen. ΔS_{298} beträgt damit 21,42 und für die freie Enthalpie ergibt die Rechnung nach (1a) -32830 cal/Mol.

Tabelle 3. $CO + \frac{1}{2} O_2 = CO_2$.

T	$\lg K_p$	$\frac{\Delta G^0}{T}$	$-0{,}92\ \lg T$	$+0{,}71 \cdot 10^{-3}\,T$	$-0{,}68 \cdot 10^5\,T^{-2}$	Σ	$\frac{-67980}{T}$	Z
300	44,737	−204,51	−2,28	0,21	−0,76	−207,34	−226,60	19,26
400	32,408	−148,15	−2,39	0,28	−0,43	−150,69	−169,95	19,26
600	20,065	− 91,73	−2,54	0,43	−0,19	− 94,03	−113,30	19,27
800	13,894	− 63,52	−2,67	0,57	−0,11	− 65,73	− 84,98	19,25
1000	10,199	− 46,63	−2,76	0,71	−0,07	− 48,75	− 67,98	19,23
1200	7,743	− 35,41	−2,83	0,86	−0,05	− 37,41	− 56,65	19,24
1400	5,994	− 27,40	−2,89	0,99	−0,03	− 29,33	− 48,56	19,23
1750	3,903	− 17,84	−2,98	1,24	−0,03	− 19,61	− 38,85	19,24
2000	2,864	− 13,09	−3,04	1,42	−0,02	− 14,73	− 33,99	19,26
2500	1,424	− 6,51	−3,13	1,78	−0,01	− 7,87	− 27,19	(19,32)
3000	0,475	− 2,17	−3,20	2,13	−0,01	− 3,25	− 22,66	(19,41)
3500	−0,193	+ 0,88	−3,26	2,48	−0,01	+ 0,09	− 19,43	(19,52)
							Mittelwert	19,25

[1] Der Zustand der Reaktionsteilnehmer wird durch eine in Klammer beigefügte Kennzeichnung angegeben, wobei für die Zustände fest, flüssig und gasförmig die Abkürzungen s, l und g benutzt werden. Bei den Gasen CO, H_2 usw., deren Zustand bei den in Frage kommenden Temperaturen eindeutig festliegt, wird von einer Bezeichnung abgesehen.

Man erhält folgende Gleichungen:

$$\mathrm{C}\,(\beta\text{-Graphit}) + \tfrac{1}{2}\,\mathrm{O_2} = \mathrm{CO},$$

$$\Delta C_p = -0{,}21 \qquad - 1{,}55 \cdot 10^{-3}\,T + 2{,}11 \cdot 10^5\,T^{-2},$$

$$\Delta I = -25610 - 0{,}21\,T \qquad - 0{,}78 \cdot 10^{-3}\,T^2 - 2{,}11 \cdot 10^5\,T^{-1}, \tag{38}$$

$$\Delta G^0 = -25610 + 0{,}48\,T \lg T + 0{,}78 \cdot 10^{-3}\,T^2 - 1{,}06 \cdot 10^5\,T^{-1} - 24{,}45\,T, \tag{39}$$

$$\Delta I_{298} = -26450, \quad \Delta G^0_{298} = -32830, \quad \Delta S_{298} = +21{,}42.$$

Aus den Gln. (36) bis (39) lassen sich durch Addition diejenigen für die Bildung von Kohlendioxyd aus Graphit und Sauerstoff ableiten.

$$\mathrm{C}\,(\beta\text{-Graphit}) + \mathrm{O_2} = \mathrm{CO_2},$$

$$\Delta I = -93590 - 0{,}61\,T \qquad - 0{,}07 \cdot 10^{-3}\,T^2 - 0{,}75 \cdot 10^5\,T^{-1} \tag{40}$$

$$\Delta G^0 = -93590 + 1{,}40\,T \lg T + 0{,}07 \cdot 10^{-3}\,T^2 - 0{,}38 \cdot 10^5\,T^{-1} - 5{,}20\,T, \tag{41}$$

$$\Delta I_{298} = -94030, \quad \Delta G^0_{298} = -94230, \quad \Delta S_{298} = +0{,}68.$$

Zur Ermittlung der Gleichung der freien Enthalpie für die Reaktion $H_2 + \frac{1}{2}\,O_2 = H_2O$ (g) werden wieder die Gleichungen der spezifischen Wärmen von KELLEY [45; 51] gewählt, welche die beste Übereinstimmung mit den aus optischen Daten berechneten C_p-Werten zeigen [42; 71]

$$\mathrm{H_2O}\,(\mathrm{g}): C_p = 7{,}00 + 2{,}77 \cdot 10^{-3}\,T \quad (3\% \text{ von } 0 \text{ bis } 1600^0\,\mathrm{C}),$$

$$\mathrm{H_2} \quad : C_p = 6{,}62 + 0{,}81 \cdot 10^{-3}\,T \quad (3\% \text{ von } 0 \text{ bis } 2700^0\,\mathrm{C}).$$

W. A. ROTH [92] gibt die Bildungsenthalpie von Wasser bei 20° C zu -68350 ± 10 an. Das sind auf 25° C umgerechnet -68310 cal/Mol. Die Verdampfungswärme von Wasser bei 25° C beträgt nach H. ULICH, C. SCHWARZ und K. CRUSE [123] 10501 cal, nach K. K. KELLEY und C. T. ANDERSON [51] 10520, nach W. F. GIAUQUE und J. W. STOUT [31] 10499 cal/Mol. Bei einem angenommenen Wert von 10500 cal ergibt sich die Enthalpie für die Bildung von Wasserdampf zu -57810. Die von E. JUSTI [42] sowie H. ZEISE [132] für den absoluten Nullpunkt angegebene Energieänderung von -57110 cal/Mol führt bei Umrechnung auf Raumtemperatur zum gleichen Wert.

Die von A. R. GORDON (zit. in [71]) und H. ZEISE [132] aus spektroskopischen Daten für die Reaktion $H_2 + \frac{1}{2}\,O_2 = H_2O$ (g) berechneten Gleichgewichtskonstanten ermöglichen wieder die Berechnung der Integrationskonstante der Affinitätsgleichung. Die Rechnung ist aus Tab. 4 (s. S. 22) zu ersehen.

Die Übereinstimmung der Z-Werte[1] ist bei GORDON besser, so daß für $Z - 14{,}62$ in die endgültige Gleichung übernommen wird.

$$\mathrm{H_2} + \tfrac{1}{2}\,\mathrm{O_2} = \mathrm{H_2O}\,(\mathrm{g}),$$

$$\Delta I = -56460 - 3{,}76\,T \qquad + 0{,}92 \cdot 10^{-3}\,T^2 - 0{,}94 \cdot 10^5\,T^{-1}, \tag{42}$$

$$\Delta G^0 = -56460 + 8{,}66\,T \lg T - 0{,}92 \cdot 10^{-3}\,T^2 - 0{,}47 \cdot 10^5\,T^{-1} - 14{,}62\,T, \tag{43}$$

$$\Delta I_{298} = -57810, \quad \Delta G^0_{298} = -54670, \quad \Delta S_{298} = -10{,}54.$$

[1] Der von H. ZEISE für 1750° K angegebene Wert wird bei der Mittelwertbildung vernachlässigt, da der Rechnung in diesem Fall offensichtlich ein Fehler zugrunde liegt.

Für ΔS errechnet man mit den bekannten, durch statistische Berechnungen und Messungen der spezifischen Wärme bei tiefen Temperaturen gewonnenen Einzelentropien [71] (H_2O (g) : $S_{298} = 45{,}17 \pm 0{,}05$; $H_2 : S_{298} = 31{,}23 \pm 0{,}01$) den Betrag — 10,57 in guter Übereinstimmung mit der eigenen Rechnung.

Tabelle 4. $H_2 + \frac{1}{2} O_2 = H_2O\ (g)$.

T	$\lg K_p$	$\frac{\Delta G^0}{T}$	$-8{,}66 \cdot \lg T$	$+0{,}92 \cdot 10^{-3}\, T$	$+0{,}47 \cdot 10^5\, T^{-2}$	Σ	$\frac{-56460}{T}$	Z
Rechnung nach Werten von A. R. GORDON (zit. in [71]).								
1300	7,070	—32,32	—26,97	1,20	0,03	—58,06	—43,43	—14,63
1400	6,352	—29,04	—27,25	1,29	0,02	—54,98	—40,33	—14,65
1500	5,725	—26,17	—27,51	1,38	0,02	—52,28	—37,64	—14,64
1600	5,176	—23,66	—27,75	1,47	0,02	—49,92	—35,29	—14,63
1800	4,260	—19,47	—28,19	1,66	0,01	—45,99	—31,37	—14,62
2000	3,525	—16,11	—28,59	1,84	0,01	—42,85	—28,23	—14,62
2200	2,922	—13,36	—28,94	2,02	0,01	—40,27	—25,66	—14,61
2400	2,417	—11,06	—29,27	2,21	0,01	—38,11	—23,53	—14,58
2600	1,983	— 9,07	—29,57	2,39	0,01	—36,24	—21,72	(—14,52)
2800	1,614	— 7,38	—29,85	2,58	0,01	—34,64	—20,16	(—14,48)
3000	1,290	— 5,90	—30,11	2,76	0,01	—33,24	—18,82	(—14,42)
							Mittelwert	—14,62
Rechnung nach Werten von H. ZEISE [132]								
1000	10,059	—45,98	—25,98	0,92	0,05	—70,99	—56,46	—14,53
1200	7,893	—36,08	—26,66	1,10	0,03	—61,61	—47,05	—14,56
1400	6,340	—28,98	—27,25	1,29	0,02	—54,92	—40,33	—14,59
1500	5,716	—26,13	—27,51	1,38	0,02	—52,24	—37,64	—14,60
1750	4,365	—19,95	—28,08	1,61	0,02	—46,40	—32,26	(—14,14)
2000	3,528	—16,13	—28,59	1,84	0,01	—42,87	—28,23	—14,64
2250	2,795	—12,78	—29,03	2,07	0,01	—39,73	—25,08	—14,65
2500	2,209	—10,10	—29,43	2,30	0,01	—37,22	—22,58	—14,64
2750	1,726	— 7,89	—29,79	2,53	0,01	—35,14	—20,52	—14,62
3000	1,325	— 6,06	—30,11	2,76	0,01	—33,40	—18,82	—14,58
							Mittelwert	—14,60

IV. Affinitätsgleichungen der Metalloxyde.

Silberoxyd.

Von den verschiedenen für die spezifische Wärme von Silber angegebenen Gleichungen stimmt die von KELLEY [45] am besten mit den jüngsten Messungen von F. M. JAEGER, E. ROSENBOHM und J. A. BOTTEMA (zit. in [4]) überein.

$$\mathrm{Ag(s)} : C_p = 5{,}60 + 1{,}50 \cdot 10^{-3}\, T$$

Messungen der spezifischen Wärme von Silberoxyd liegen nicht vor, so daß dieser Wert und damit der Wert für ΔC_p geschätzt werden muß. Für die Reaktion $2\,\mathrm{Cu} + \frac{1}{2}\, O_2 = Cu_2O$, welche zum Vergleich herangezogen werden kann, erhält man die Gleichung

$$\Delta C_p = -0{,}68 + 3{,}15 \cdot 10^{-3}\, T + 0{,}94 \cdot 10^{-5}\, T^{-2}.$$

Die Gegenüberstellung der spezifischen Wärmen anderer gleichartiger Verbindungen der beiden Metalle läßt darauf schließen, daß ΔC_p bei den Silberverbindungen stets etwas höher liegt als bei den Kupferverbindungen. Die Rechnung wird mit der geschätzten Gleichung

$$\Delta C_p = 1{,}0 + 3{,}0 \cdot 10^{-3}\, T$$

durchgeführt.

Für die Bildungsenthalpie werden gut übereinstimmende Zahlen angegeben, und zwar $\Delta I_{291} = -6960$ [38], $\Delta I_{298} = -6942$ [39] und $\Delta I_{455} = -7000 \pm 200$ [71].

Die Angaben über die Entropie von Silber [48; 71] schwanken nur wenig. Der letzte von P. F. MEADS, W. R. FORSYTHE und W. F. GIAUQUE [80] angegebene Wert $S_{298} = 10{,}21$ stimmt mit dem Kelleyschen Wert $10{,}20 \pm 0{,}05$ überein. Die Entropie des Oxydes beträgt nach KELLEY [48] $S_{298} = 29{,}7 \pm 2{,}0$.

Für die Ableitung der Gleichung für die freie Enthalpie der Oxydbildung werden von A. F. BENTON und L. C. DRAKE (zit. in [71]) durchgeführte Messungen des Sauerstoffdruckes verwandt, aus denen bereits der letzte der für ΔI angegebenen Werte von den gleichen Autoren errechnet wurde. Der höchste gemessene Druck beträgt ca. 1 at, so daß praktisch noch ideales Verhalten angenommen werden kann. Die Rechnung wird in Tab. 5 unter Benutzung der Gleichung

$$\Delta G^0 = \Delta I_0 - 2{,}30\, T \lg T - 1{,}5 \cdot 10^{-3}\, T^2 + Z\, T$$

und daraus

$$\frac{\Delta I_0}{T} + Z = \frac{\Delta G^0}{T} + 2{,}30 \lg T + 1{,}5 \cdot 10^{-3}\, T = \Sigma$$

wiedergegeben.

Tabelle 5. $2\,Ag + \frac{1}{2}O_2 = Ag_2O$.

T	P_{O_2}	K_p*	$\frac{\Delta G^0}{T}$	$+2{,}30 \lg T$	$+1{,}5 \cdot 10^{-3}\, T$	Σ	$\frac{-7380}{T}$	Z
446	0,5554	1,343	−0,58	6,11	0,67	6,20	−16,55	22,75
451	0,6696	1,222	−0,40	6,11	0,68	6,39	−16,36	22,75
456,1	0,8015	1,117	−0,22	6,12	0,68	6,58	−16,18	22,76
461,2	0,9405	1,031	−0,06	6,13	0,69	6,76	−15,99	22,75
464,2	1,0395	0,981	+0,04	6,14	0,70	6,88	−15,88	22,76
							Mittelwert	22,75

* Bei der Berechnung der Werte der Gleichgewichtskonstante

$$K = \frac{(Ag_2O)}{(Ag)^2 \sqrt{P_{O_2}}}$$

aus den gemessenen Sauerstoffdrücken kann für die festen Bodenkörper (Ag_2O) und (Ag) wegen der geringen gegenseitigen Löslichkeit der Wert 1 eingesetzt werden.

Der nach dieser Rechnung ermittelte Wert für ΔI_0 führt in Übereinstimmung mit den bereits für Raumtemperatur angegebenen Zahlen zu $\Delta I_{298} = -6950$. Die Gleichungen für ΔI und ΔG^0 lauten nun folgendermaßen:

$$2\,Ag(s) + \tfrac{1}{2}\,O_2 = Ag_2O\,(s)\,,$$

$$\Delta I = -7380 + 1{,}0\,T \qquad + 1{,}5 \cdot 10^{-3}\,T^2, \tag{44}$$

$$\Delta G^0 = -7380 - 2{,}30\,T \lg T - 1{,}5 \cdot 10^{-3}\,T^2 + 22{,}75\,T, \tag{45}$$

$$\Delta I_{298} = -6950, \qquad \Delta G^0_{298} = -2430, \qquad \Delta S_{298} = -15{,}17.$$

Aus den angegebenen Entropiewerten würde sich ΔS_{298} zu $-15{,}23 \pm 2{,}0$ ergeben. Die Unsicherheit des Entropiewertes für das Oxyd kann hiernach auf etwa $29{,}7 \pm 0{,}2$ verringert werden.

Aluminiumoxyd.

Für die spezifischen Wärmen des Metalles und dessen Schmelzwärme gibt KELLEY [45; 47] folgende Gleichungen an:

$$Al(s) : C_p = 4{,}80 + 3{,}22 \cdot 10^{-3}\,T \;(3\%)^*,$$

$$Al(s) = Al(l) : \Delta I_{932} = 2550 \text{ cal/Mol},$$

$$Al(l) : C_p = 7{,}00 \;(3\% \text{ bis } 1000^0\,C).$$

Für die spezifische Wärme von Aluminiumoxyd sind verschiedene, zum Teil erheblich voneinander abweichende Gleichungen angegeben worden (zit. in [71]), von denen die von KELLEY auf Grund einer kritischen Sichtung der vorhandenen Daten gegebene übernommen wird.

$$Al_2O_3\,(s) : C_p = 22{,}08 + 8{,}97 \cdot 10^{-3}\,T - 5{,}23 \cdot 10^5\,T^{-2} \;(5\% \text{ bis } 1500^0\,C)$$

Die Bildungsenthalpie wurde von W. A. ROTH, G. WIRTHS und H. BERENDTS [96] als Mittelwert aus den vorliegenden kalorimetrischen Messungen (— 394000 cal/Mol [81] bzw. — 402900 [97]) zuletzt zu — 398000 für eine Temperatur von 20⁰ C angegeben. Nach einer neuen Messung von P. E. SNYDER und H. SELTZ [112] wurde der Wert zu — 399040 ± 240 cal/Mol gefunden[1]. Dieser Betrag wird bei der folgenden Rechnung eingesetzt.

Die aus Messungen der spezifischen Wärme abgeleitete Entropie des Metalls beträgt bei 25⁰ C nach K. K. KELLEY [48] 6,75 ± 0,05. Dieser Wert wurde von W. F. GIAUQUE und R. F. MEADS [30] durch Messungen an Einkristallen mit 6,77 bestätigt, während W. D. TREADWELL und L. TEREBESI [117] 6,64 angeben. Der Kelleysche Wert wird übernommen. Für das Oxyd ist nach K. K. KELLEY [48] 12,50 ± 0,15 ein-

* Die in Klammern hinter den Gleichungen angegebenen Prozentsätze geben den geschätzten maximalen Fehler an.

[1] Herrn Prof. Dr. W. A. ROTH bin ich für die Bekanntgabe dieses Wertes sowie eine kritische Beurteilung der bisher angegebenen Zahlen zu besonderem Dank verpflichtet.

zusetzen. Für ΔS_{298} ergibt sich hieraus $-74,53$. Damit lassen sich die Gleichungen für die Bildung von Aluminiumoxyd errechnen.

$$2\,\mathrm{Al(s)} + {}^3/_2\,\mathrm{O_2} = \mathrm{Al_2O_3(s)},$$

$$\Delta C_p = \quad 0,07 \quad + 2,14 \cdot 10^{-3}\,T - 2,41 \cdot 10^5\,T^{-2},$$

$$\Delta I = -399970 + 0,07\,T + 1,07 \cdot 10^{-3}\,T^2 + 2,41 \cdot 10^5\,T^{-1}, \tag{46}$$

$$\Delta G^0 = -399970 - 0,16\,T \lg T - 1,07 \cdot 10^{-3}\,T^2 + 1,21 \cdot 10^5\,T^{-1} + 77,01\,T, \tag{47}$$

$$\Delta I_{298} = -399040, \qquad \Delta G^0_{298} = -376830, \qquad \Delta S_{298} = -74,53.$$

Die Gleichungen für die Oxydation von flüssigem Aluminium leiden bei Temperaturen über 1000° C unter der Ungenauigkeit der für Al(l) angegebenen spezifischen Wärme. Um die Rechengenauigkeit nicht größer zu wählen, als der Genauigkeit der verwandten Daten entspricht, wird bei den Gleichungen das letzte T-Glied, das bei höheren Temperaturen von geringem Einfluß ist, vernachlässigt. Damit ergeben sich die Gleichungen:

$$2\,\mathrm{Al(l)} + {}^3/_2\,\mathrm{O_2} = \mathrm{Al_2O_3(s)},$$

$$\Delta I = -403500 - 4,33\,T + 4,28 \cdot 10^{-3}\,T^2, \tag{48}$$

$$\Delta G^0 = -403500 + 9,97\,T \lg T - 4,28 \cdot 10^{-3}\,T^2 + 53,86\,T. \tag{49}$$

Reduktionsgleichgewichtsmessungen an Al_2O_3 mit Kohle wurden von R. Brunner [13] durchgeführt. Die rechnerische Auswertung der für die Reaktion $Al_2O_3 + 3\,C = 2\,Al(1) + 3\,CO$ gemessenen Kohlenoxyddrucke kann wegen der Unsicherheit der spezifischen Wärmen, für die in dem untersuchten Temperaturgebiete Angaben zum Teil vollständig fehlen, nur Näherungswerte ergeben. Das letzte T-Glied wird daher bei der Ermittlung der Gleichung für ΔC_p wieder vernachlässigt. Ein weiterer Unsicherheitsfaktor ist die fehlende sichere Kenntnis des Zustandes und der gegenseitigen Löslichkeit der Bodenphasen. Für deren Bestandteile wird in die Gleichgewichtskonstante der Faktor *1* eingesetzt. Die Gleichung für die freie Enthalpie der Bildung von Kohlenoxyd wurde bereits abgeleitet, so daß sich folgende Reaktionsgleichung ergibt:

$$\mathrm{Al_2O_3} + 3\,\mathrm{C} = 2\,\mathrm{Al(l)} + 3\,\mathrm{CO},$$

$$\Delta G^0 = \Delta I_0 - 8,53\,T \lg T + 6,62 \cdot 10^{-3}\,T^2 + Z\,T,$$

$$\frac{\Delta I_0}{T} + Z = \frac{\Delta G^0}{T} + 8,53 \cdot \lg T - 6,62 \cdot 10^{-3}\,T = \Sigma.$$

Der Gang der Rechnung ist aus Tab. 6 zu ersehen.

Tabelle 6. $Al_2O_3\,(s) + 3\,C\,(\beta\text{-}Gr.) = 2\,Al\,(l) + 3\,CO$.

T	P_{CO}	$\frac{\Delta G^0}{T}$	$+8,53 \cdot \lg T$	$-6,62 \cdot 10^{-3} T$	Σ	$\frac{310000}{T}$	Z
1933	0,028	21,38	28,00	−12,79	36,69	160,38	−123,79
1990	0,055	17,25	28,12	−13,17	32,20	155,78	−123,58
2047	0,120	12,69	28,21	−13,54	27,36	151,44	−124,08
2104	0,228	8,82	28,31	−14,93	23,20	147,34	−124,14
2127	0,292	7,33	28,35	−14,07	21,61	145,74	−124,13
2161	0,395	5,54	28,41	−14,30	19,65	143,45	−123,80
						Mittelwert	−123,92

Die Steigung der durch Auftragen von Σ gegen $1/T$ erhaltenen Geraden ergibt für ΔI_0 einen Wert von 310000 cal. Die Streuung der verschiedenen für Z erhaltenen Zahlen ist bei Berücksichtigung der Versuchstemperatur gering. Die Umrechnung auf die Bildung von Al_2O_3 ergibt folgende Gleichungen:

$$2\,Al(l) + {}^3/_2\,O_2 = Al_2O_3(s),$$

$$\Delta I = -386830 - 4{,}33\,T + 4{,}28 \cdot 10^{-3}\,T^2, \tag{50}$$

$$\Delta G^0 = -386830 + 9{,}97\,T\lg T - 4{,}28 \cdot 10^{-3}\,T^2 + 50{,}57\,T. \tag{51}$$

Die aus diesen Gleichungen für die Schmelztemperatur des Aluminiums abgeleiteten Zahlen der Bildungsenthalpie und der freien Bildungsenthalpie liegen absolut um 16670 bzw. 13600 cal niedriger, als sie bei der Auswertung der anfangs abgeleiteten Gleichungen erhalten werden.

Eine bessere Übereinstimmung der Rechnung mit dem Experiment erzielten W. D. Treadwell und L. Terebesi in ihrer bereits erwähnten Arbeit, in welcher sie die freie Bildungsenthalpie bei Raumtemperatur zu $\Delta G^0_{298} = -371100$ ermittelten. Sie gingen dabei von einer alten Rothschen Messung der Bildungsenthalpie des Aluminiumoxyds aus, die mit -392600 cal um 6440 cal niedriger als der von Snyder und Seltz gemessene Wert liegt. Treadwell und Terebesi konnten ihren Affinitätswert durch die Übereinstimmung mit EMK-Messungen zweier Reaktionsketten (Al/Cl_2; Al/O_2) und schließlich durch eine geeignete Auslegung der von Brunner gemessenen Reduktionsgleichgewichte stützen. Der eigene, höhere Wert von ΔG^0, der auf einer neueren Messung der Bildungsenthalpie beruht, scheint jedoch sicherer zu sein. Die Richtigkeit des kleineren Wertes für ΔG^0 würde unter Verwendung des von Snyder und Seltz angegebenen Wertes für ΔI zu einem Wert für ΔS_{298} führen, der um 19,2 Einheiten höher liegt als der aus den Entropien errechnete Betrag. Diese Abweichung ist auch bei sehr unsicheren Zahlen für die verwandten Normalentropien unmöglich.

Eine Arbeit von E. Baur und R. Brunner [6] läßt nun eine Auslegung der Brunnerschen Messungen zu, die eine erheblich bessere Übereinstimmung mit der eigenen Rechnung bringt. Nach dieser Arbeit ist Aluminium in Aluminiumoxyd unter erheblicher Schmelzpunktserniedrigung löslich. Dazu kommt bei Aluminiumgehalten von über 30% und bei Gegenwart von Kohlenstoff durch Karbidaufnahme zunächst eine weitere Schmelzpunktserniedrigung. Die niedrigste im System $Al-Al_2O_3$ auf der Oxydseite bei einem Metallgehalt von 30% gemessene Erstarrungstemperatur beträgt zwar immer noch 1950° C, doch läßt sich aus dem von Baur und Brunner konstruierten, allerdings noch unsicheren ternären Diagramm entnehmen, daß homogene Schmelzen mit einem unter 1800° C liegenden Schmelzpunkt auftreten können.

Nach diesen Untersuchungen hat bei den Messungen von Brunner eine homogene Schmelze als Bodenkörper vorgelegen. Über deren Zusammensetzung werden allerdings keine Angaben gemacht. Aus der Versuchsbeschreibung ist jedoch zu schließen, daß Tonerde im Überschuß vorhanden, die Schmelze also an Al_2O_3 gesättigt war. In die Gleichgewichtskonstante kann demnach für Al_2O_3 weiterhin der Wert 1 eingesetzt werden. Für die Konzentration der Schmelze an Al lassen sich durch Extrapolation der von BAUR und BRUNNER angegebenen Liquiduskurve im System $Al-Al_2O_3$ auf höhere Gehalte an Aluminium Näherungswerte angeben, die in Tab. 7 in Molprozenten mit aufgeführt wurden.

Zur Auswertung der Brunnerschen Messungen ist die Umrechnung der Gln. (48) und (49) auf die für geschmolzene Tonerde geltenden Daten notwendig. Die spezifische Wärme von Al_2O_3(l) beträgt nach L. TEREBESI [114] bei 2500° K 36,15. Für die bei Schmelzwärme wird von KELLEY [47] ein allerdings unsicherer Wert $\Delta I_{2318} = 26000$ cal/Mol angegeben. Man erhält damit folgende Gleichungen:

$$2\,Al(l) + {}^3/_2\,O_2 = Al_2O_3(l),$$

$$\Delta I = -362680 - 0{,}27\,T - 0{,}21 \cdot 10^{-3}\,T^2, \qquad (52)$$

$$\Delta G^0 = -362680 + 0{,}61\,T \lg T + 0{,}21 \cdot 10^{-3}\,T^2 + 57{,}20\,T. \qquad (53)$$

Für die Reaktion $Al_2O_3(l) + 3\,C = 2\,Al(l) + 3\,CO$ erhält man durch Kombination mit (39):

$$\Delta G^0 = 285850 + 0{,}83\,T \lg T + 2{,}13 \cdot 10^{-3}\,T^2 - 130{,}55\,T.$$

Läßt man den Z-Wert unberücksichtigt, so folgt daraus

$$\frac{285850}{T} + Z = \frac{\Delta G^0}{T} - 0{,}83 \lg T - 2{,}13 \cdot 10^{-3}\,T^2.$$

Die Rechnung zeigt Tab. 7. Der Verlauf der Z-Werte läßt erkennen, daß die aus den Messungen zu errechnende Reaktionsenthalpie annähernd mit dem Wert übereinstimmen würde, der aus den Gln. (39) und (53) abgeleitet wurde. Der Z-Wert dagegen weicht noch um 2,4 Einheiten ab. Beim Schmelzpunkt des Aluminiums würde das einer Differenz von 2200 cal entsprechen, während bei der ursprünglichen Auswertung der Brunnerschen Messungen die Abweichung 13600 cal betragen hat. Die Übereinstimmung wird noch wesentlich besser, wenn bei der Berechnung der Gleichgewichtskonstante in Tab. 7 an Stelle der molaren

Tabelle 7. $Al_2O_3\,(l) + 3\,C\,(\beta\text{-}Gr.) = 2\,Al\,(l) + 3\,CO$.

T	p_{CO}	N_{Al}	K_p	$\frac{\Delta G^0}{T}$	$-0{,}83 \lg T$	$-2{,}13 \cdot 10^{-3}\,T$	Σ	$\frac{285850}{T}$	Z
1933	0,028	0,87	$1{,}66 \cdot 10^{-5}$	21,87	−2,73	−4,12	15,02	147,88	−132,86
1990	0,055	0,83	$1{,}15 \cdot 10^{-4}$	18,03	−2,74	−4,24	11,05	143,64	−132,59
2047	0,120	0,80	$1{,}11 \cdot 10^{-3}$	13,52	−2,75	−4,36	6,41	139,74	−133,33
2104	0,228	0,75	$6{,}68 \cdot 10^{-3}$	9,95	−2,76	−4,48	2,71	135,86	−133,15
2127	0,292	0,73	$1{,}33 \cdot 10^{-2}$	8,59	−2,76	−4,53	1,30	134,39	−133,09
2161	0,395	0,70	$3{,}02 \cdot 10^{-2}$	6,96	−2,77	−4,60	−0,41	132,28	−132,69
									−132,95

Konzentration des Aluminiums die Aktivität mit einem um etwa 30% niedriger liegenden Wert eingesetzt wird[1].

Zum Vergleich seien noch einige Werte für ΔG^0, wie sie sich aus den von W. D. TREADWELL bzw. W. D. TREADWELL und L. TEREBESI gegebenen Unterlagen errechnen lassen, den aus den eigenen Gleichungen errechenbaren Zahlen gegenübergestellt (Tab. 8). Aus dieser Aufstellung geht hervor, daß die Abweichung bei Raumtemperatur weniger auf die Meßergebnisse als auf die für die Umrechnung verwandten Daten zurückzuführen ist.

Tabelle 8. *Gegenüberstellung von Werten der freien Reaktionsenthalpie für die Reaktion* $2\,Al + {}^3/_2\,O_2 = Al_2O_3$.

Autoren	Temp. °K	Der Rechnung zugrunde gelegt		Hieraus ΔG^0	ΔG^0 aus Gl. (49)	Differenz	Differenz / T
		EMK	erhalten aus				
W. D. TREADWELL und L. TEREBESI [117]	298			—371100	—376830	5730	19,2
	400	2,60 bis 2,64	Chlorkette	—362700	—369200	6500	16,3
	1118	2,215	EMK der Kette	—306600	—314700	8100	7,2
	1378	2,108	$2\,Al + 1{,}5\,O_2 = Al_2O_3$	—291800	—294300	2500	1,8
W. D. TREADWELL [115]	1000	2,303	$E = 2{,}303 - 5{,}65 \cdot 10^{-4}\,(T - 1000)$	—318800	—324000	5200	5,2
	2000	1,738		—240500	—247000	6500	3,3

Die Gln. (46) bis (49) werden unverändert beibehalten.

Arsen(III)-Oxyd.

Die thermodynamischen Gleichungen für Arsen(III)-Oxyd können wegen der Ungenauigkeit einzelner Daten nur als Näherungen abgeleitet werden. Die Sichtung der Literaturangaben bereitet Schwierigkeiten, da in einzelnen Fällen eine Bezeichnung der Modifikation, auf welche sich der Wert beziehen soll, fehlt. Für die spezifischen Wärmen werden ausschließlich die von KELLEY [45] aufgeführten Gleichungen übernommen.

$$As(s) \quad : C_p = 5{,}17 + 2{,}34 \cdot 10^{-3}\,T\,,$$

$$As_2O_3\,(okt.) : C_p = 8{,}37 + 48{,}6 \cdot 10^{-3}\,T \quad (\text{geschätzt}).$$

Die Angabe für As(s) bezieht sich auf das metallische Arsen. Die Gleichung für das bei Raumtemperatur beständige Oxyd wird auch für die monokline, oberhalb 233° C stabile Form angenommen. Die Umwandlungswärme des Oxyds beträgt nach KELLEY [46] 4110 cal/Mol. Für

[1] Derartige Werte der Aktivität sind durchaus möglich. Die experimentellen Unterlagen sowie die Rechnung sind jedoch noch nicht exakt genug, um, wie es bei leichter zu erfassenden Reaktionen möglich ist, aus den festgestellten Differenzen Rückschlüsse auf die Aktivität der Reaktionspartner ziehen zu können.

die Bildungsenthalpie setzt C. G. MAIER (zit. in [71]) bei Raumtemperatur -156590 ein. Dieser Wert wird auf -156600 abgerundet übernommen. Die Entropien haben nach KELLEY [48] die Werte: As(s) $S_{298} = 8{,}4 \pm 0{,}2$ und As_2O_3(s) $S_{298} = 25{,}6 \pm 0{,}5$. Damit lassen sich folgende Gleichungen ableiten:

$$2\,As(s) + {}^3/_2\,O_2 = As_2O_3(okt.),$$

$$\Delta I = -153300 - 14{,}38\,T + 21{,}77 \cdot 10^{-3}\,T^2 - 2{,}82 \cdot 10^5\,T^{-1}, \quad (54)$$

$$\Delta G^0 = -153300 + 33{,}12\,T \lg T - 21{,}77 \cdot 10^{-3}\,T^2 - 1{,}41 \cdot 10^5\,T^{-1} - 20{,}13\,T, \quad (55)$$

$$\Delta I_{298} = -156600, \quad \Delta G^0_{298} = -137300, \quad \Delta S_{298} = -64{,}73.$$

$$2\,As(s) + {}^3/_2\,O_2 = As_2O_3\,(mon.),$$

$$\Delta I = -149190 - 14{,}38\,T + 21{,}77 \cdot 10^{-3}\,T^2 - 2{,}82 \cdot 10^5\,T^{-1}, \quad (56)$$

$$\Delta G^0 = -149190 + 33{,}12\,T \lg T - 21{,}77 \cdot 10^{-3}\,T^2 - 1{,}41 \cdot 10^5\,T^{-1} - 28{,}26\,T. \quad (57)$$

Für eine weitere Rechnung fehlen Angaben der spezifischen Wärmen vollständig. Es wird mit $\Delta C_p = 0$ gerechnet. Die Schmelzwärme des Oxyds beträgt 4000 cal/Mol As_2O_3 [47], die Schmelztemperatur 586° K. KELLEY [46] gibt weiter die Verdampfungswärme von As_4O_6 zu 14300 bei 730° K und die von As_4 zu 31000 bei 883° K an. Der Einfluß der beiden Reaktionen 4 As = As_4 und 2 As_2O_3 = As_4O_6 wird vernachlässigt. Die Gleichungen lauten:

$$2\,As(s) + {}^3/_2\,O_2 = As_2O_3(l),$$

$$\Delta I = -146620, \quad \Delta G^0 = -146620 + 45{,}9\,T, \quad (58)\ (59)$$

$$4\,As(s) + 3\,O_2 = As_4O_6\,(g),$$

$$\Delta I = -278940, \quad \Delta G^0 = -278940 + 72{,}3\,T, \quad (60)\ (61)$$

$$As_4(g) + 3\,O_2 = As_4O_6\,(g),$$

$$\Delta I = -309940, \quad \Delta G^0 = -309940 + 107{,}4\,T. \quad (62)\ (63)$$

Bariumoxyd.

Wegen der Unvollständigkeit der verfügbaren Zahlen lassen sich für Bariumoxyd ebenfalls nur Näherungsgleichungen ableiten. Die ausführlichste Zusammenstellung von Daten gibt KELLEY [45; 48], auf dessen Arbeiten zurückgegriffen wird.

Auf Grund der vorhandenen spezifischen Wärmen und durch Vergleich mit verwandten Elementen kann man $\Delta C_p = 1$ schätzen. Die Bildungsenthalpie beträgt als Mittelwert aus zwei Messungen [51] $\Delta I_{298} = -126100$. Die Entropiewerte für 298° K sind nach KELLEY 16,0 (geschätzt) für Ba und 16,8 $\pm 0{,}3$ [48] für BaO. Aus empirischen, für das Metall von E. D. EASTMAN [18], für das Oxyd von KELLEY [44] vorgeschlagenen Formeln[1] ergeben sich die Entropien 14,4 bzw. 15,0.

[1] Wiedergabe der Formeln in LANDOLT-BÖRNSTEIN [71], S. 2856 und S. 2857.

Für ΔS_{298} erhält man aus dem ersten Wertepaar in annähernder Übereinstimmung mit dem zweiten $-23{,}7$.

$$Ba(s) + \tfrac{1}{2} O_2 = BaO(s),$$

$$\Delta I = -126400 + T, \tag{64}$$

$$\Delta G^0 = -126400 - 2{,}3\, T \lg T + 30{,}4\, T, \tag{65}$$

$$\Delta I_{298} = -126100, \quad \Delta G^0_{298} = -119040, \quad \Delta S_{298} = -23{,}7.$$

Die Schmelzwärme des Bariums beträgt $\Delta I_{980} = 2260$. Für ΔC_p kann wieder der oben angegebene, geschätzte Wert angenommen werden.

$$Ba(l) + \tfrac{1}{2} O_2 = BaO(s),$$

$$\Delta I = -128660 + T, \tag{66}$$

$$\Delta G^0 = -128660 - 2{,}3\, T \lg T + 32{,}7\, T. \tag{67}$$

Berylliumoxyd.

Die für Beryllium und sein Oxyd angegebenen Daten sind wieder so spärlich, daß geschätzte Werte verwandt werden müssen. Nach H. Ulich [119] hat die Differenz zwischen den Entropien der Metalle und Oxyde der Erdalkalimetalle gleiche Größenordnung. Im Mittel ist sie mit -1 anzusetzen, wobei bei der Differenzbildung die Entropie des Oxyds positiv eingesetzt ist. Nach Daten von Christescu und Simon berechnet (zit. in [71], S. 2855), beträgt für Beryllium $S_{298} = 2{,}26$, während für das Oxyd die Rechnung nach der von Kelley [44] angegebenen Formel[1] etwa 1 ergibt. Damit wird die von Ulich mitgeteilte Regel bestätigt. Die Bildungsenthalpie wurde von W. A. Roth [92] zu -147300 ± 600 bei Raumtemperatur angegeben. ΔC_p läßt sich durch Vergleich mit den anderen Erdalkalimetallen auf $-0{,}5$ schätzen, womit die Ableitung folgender Gleichungen möglich ist:

$$Be(s) + \tfrac{1}{2} O_2 = BeO(s),$$

$$\Delta I = -147150 - 0{,}5\, T, \tag{68}$$

$$\Delta G^0 = -147150 + 1{,}15\, T \lg T + 22{,}2\, T, \tag{69}$$

$$\Delta I_{298} = -147300, \quad \Delta G^0_{298} = -139700, \quad \Delta S_{298} = -25{,}5.$$

Kalziumoxyd.

Die drei durch die Untersuchungen von P. Bastien (zit. in [4]) und M. C. Neuburger (zit. in [4]) festgestellten Modifikationen des Kalziums werden in der folgenden Rechnung nicht berücksichtigt. Der hierdurch begangene Fehler ist wegen der geringen Umwandlungswärmen nur klein. Außerdem fehlen in allen drei Temperaturbereichen an reinem Kalzium durchgeführte Messungen der spezifischen Wärme. Die von

[1] Siehe S. 29, Anm. 1.

KELLEY [45] für die unterhalb des Schmelzpunktes beständige Modifikation abgeleitete Gleichung

$$Ca(\beta): C_p = 6{,}29 + 1{,}40 \cdot 10^{-3}\, T$$

gibt auch die Messungen bei tieferen Temperaturen annähernd richtig wieder. Nach KELLEY beträgt die Unsicherheit 2%. Tatsächlich wird sie größer sein, da sämtliche Messungen der spezifischen Wärme an unreinem Kalzium durchgeführt wurden. Für das Oxyd gibt die Gleichung von KELLEY [45]

$$CaO(s): C_p = 11{,}87 + 0{,}77 \cdot 10^{-3}\, T - 1{,}65 \cdot 10^{5}\, T^{-2}$$

die bis zu Temperaturen von 1500° C durchgeführten Messungen von H. E. v. GRONOW und H. E. SCHWIETE (zit. in [71]) gut wieder (1% maximaler Fehler). Der beste Wert für die Bildungsenthalpie des Oxydes ist nach F. R. BICHOWSKY und F. D. ROSSINI [7] -151700 ± 500 cal. Aus Messungen der spezifischen Wärme wird von KELLEY [48] für CaO ein Entropiewert von $9{,}5 \pm 0{,}2$ abgeleitet. Für die Entropie des Metalles wird der von M. RANDALL [39] für die unterhalb des Schmelzpunktes beständige Modifikation angegebene Wert von 10,83 übernommen. Die übrigen für Kalzium in der Literatur aufgeführten Entropiezahlen gelten für die bei Raumtemperatur beständige Kristallart und liegen um etwa eine Einheit tiefer.

$$Ca(s) + \tfrac{1}{2}\, O_2 = CaO(s),$$

$$\Delta I = -152340 + 1{,}44\, T - 0{,}38 \cdot 10^{-3}\, T^2 + 0{,}71 \cdot 10^{5}\, T^{-1}, \qquad (70)$$

$$\Delta G^0 = -152340 - 3{,}32\, T \lg T + 0{,}38 \cdot 10^{-3}\, T^2 + 0{,}36 \cdot 10^{5}\, T^{-1} + 35{,}70\, T, \qquad (71)$$

$$\Delta I_{298} = -151700, \quad \Delta G^0_{298} = -144000, \quad \Delta S_{298} = -25{,}84.$$

Für die Schmelzwärme von Kalzium gibt KELLEY [47] 2230 cal bei 1124° K an, für die spezifische Wärme des geschmolzenen Metalles 7,50 [45]. Damit läßt sich ableiten:

$$Ca(l) + \tfrac{1}{2}\, O_2 = CaO(s),$$

$$\Delta I = -154090 + 0{,}23\, T + 0{,}32 \cdot 10^{-3}\, T^2 + 0{,}71 \cdot 10^{5}\, T^{-1}, \qquad (72)$$

$$\Delta G^0 = -154090 - 0{,}53\, T \lg T - 0{,}32 \cdot 10^{-3}\, T^2 + 0{,}36 \cdot 10^{5}\, T^{-1} + 29{,}54\, T. \qquad (73)$$

Die Ermittlung der Gleichungen für die Oxydation von gasförmigem Kalzium ist auf Grund der von KELLEY [46] angegebenen Verdampfungswärme von 36580 cal/Mol möglich. Der Siedepunkt liegt bei 1760° K. Unter der Annahme, daß sich der Metalldampf wie ein ideales, einatomiges Gas verhält, kann man $\Delta C_p = 4$ ansetzen.

$$Ca(g) + \tfrac{1}{2}\, O_2 = CaO(s),$$

$$\Delta I = -196280 + 4\, T, \qquad (74)$$

$$\Delta G^0 = -196280 - 9{,}2\, T \lg T + 81{,}2\, T. \qquad (75)$$

Bei 1873° K beträgt die freie Enthalpie nach dieser Gleichung -100740. J. CHIPMAN [14] gibt für die gleiche Temperatur -100040 an.

Eine direkte Kontrolle der für CaO abgeleiteten Gleichungen durch Auswertung von Gleichgewichtsmessungen ist nicht möglich. R. BRUNNER [13] hat die Reaktion $CaO + 3C = CaC_2 + CO$ im Temperaturbereich von 1500 bis 1800° C untersucht. Diese Messungen benutzte KELLEY [50], um mit den für CaO bekannten, im wesentlichen oben eingesetzten Werten die Affinität der Bildung von Kalziumkarbid zu bestimmen. Eine Bestätigung der Richtigkeit der für CaO angegebenen Zahlen kann darin gesehen werden, daß KELLEY bei der nach den Messungen von BRUNNER für CaC_2 abgeleiteten Gleichung praktische Übereinstimmung mit den von O. RUFF und E. FÖRSTER [100] für die Reaktion $CaC_2 = Ca(g) + 2C$ gemessenen Gleichgewichten feststellen konnte.

Kobalt(II)-Oxyd.

Die spezifischen Wärmen von Co und CoO sind bisher nur wenig untersucht worden. K. K. KELLEY [45] gibt für Kobalt an:

$$\mathrm{Co(s)}: C_p = 5{,}12 + 3{,}33 \cdot 10^{-3}\, T.$$

Für das Oxyd fehlen genaue Angaben vollkommen. Auf Grund eines Vergleiches mit den für verwandte Oxyde erhaltenen Zahlen sowie der in der Literatur angegebenen Schätzungen wird für die Reaktion $Co + \frac{1}{2} O_2 = CoO$ ΔC_p zu 1,5 angenommen. Für die Bildungsenthalpie des Oxyds werden folgende Zahlen angegeben: W. G. MIXTER (zit. in [65]) sowie W. A. ROTH und H. HAVEKOSS (zit. in [68]) $\Delta I_{293} = -57500 \pm 200$, Z. SHIBATA und I. MORI [108] $\Delta I_{298} = -57190$, M. WATANABE [127] $\Delta I_{298} = -55770$ und O. J. KLEPPA [54] $\Delta I = -57000$. Die letzten Werte sind aus Gleichgewichtsmessungen abgeleitet und wegen der mangelhaften Angaben über die spezifischen Wärmen unsicher. Dem ersten Wert wird daher der Vorzug gegeben. Er wird auch bei der Auswertung der Gleichgewichtsmessungen benutzt, obwohl mit von ihm abweichenden Zahlen eine bessere Konstanz von Z zu erzielen wäre. Zur Berechnung der freien Enthalpie werden außer den bereits erwähnten Arbeiten noch Veröffentlichungen von P. H. EMMETT und I. F. SHULTZ [21] herangezogen.

Die von KELLEY [48] für Co zu $6{,}8 \pm 0{,}2$ angegebene Entropie beruht auf einer Schätzung. Sie liegt etwas niedriger als der Wert, der aus der von E. D. EASTMAN [18] für die Entropie der Metalle angegebenen Formel[1] errechnet werden kann. Die Formel ergibt $S_{298} = 7{,}18$. Für das Oxyd errechnet M. WATANABE [127] aus seinen Gleichgewichtsmessungen $S_{298} = 14{,}41$, während O. J. KLEPPA aus seinen Untersuchungen den Wert $11{,}94 \pm 0{,}2$ ableitet. Da Angaben über die spezifische Wärme des Oxydes fehlen, kann die Formel von KELLEY[1] nicht benutzt werden.

Die für die Auswertung der mit Wasserstoff (SHIBATA und MORI, EMMETT und SHULTZ, KLEPPA) und Kohlenmonoxyd (WATANABE) durch-

---

[1] Siehe S. 29, Anm. 1.

geführten Gleichgewichtsmessungen notwendigen, auf Grund bisheriger Angaben ableitbaren Gleichungen lauten folgendermaßen:

$$CoO + H_2 = Co + H_2O:$$

$$\frac{1490}{T} + Z = \frac{\Delta G^0}{T} - 12{,}12 \lg T + 0{,}92 \cdot 10^{-3}\, T + 0{,}47 \cdot 10^5\, T^{-2} = \Sigma,$$

$$CoO + CO = Co + CO_2:$$

$$\frac{-10030}{T} + Z = \frac{\Delta G^0}{T} - 4{,}38 \lg T + 0{,}71 \cdot 10^{-3}\, T - 0{,}68 \cdot 10^5\, T^{-2} = \Sigma.$$

Die Rechnung geben die Tab. 9 und 10 wieder.

Tabelle 9. $CoO + H_2 = Co + H_2O$.

T	K_p	$\frac{\Delta G^0}{T}$	$-12{,}12 \lg T$	$+0{,}92 \cdot 10^{-3} T$	$+0{,}47 \cdot 10^5 T^{-2}$	Σ	$\frac{1490}{T}$	Z
Messungen von Z. SHIBATA und S. MORI [108].								
695	63,1	—8,23	—34,45	0,64	0,10	—41,94	2,14	—44,08
795	51,2	—7,81	—35,16	0,73	0,07	—42,17	1,87	—44,04
895	42,7	—7,45	—35,79	0,82	0,06	—42,36	1,66	—44,02
994	39,0	—7,27	—36,30	0,91	0,05	—42,61	1,50	—44,11
1094	34,1	—7,00	—36,82	1,01	0,04	—42,77	1,36	—44,13
1194	32,0	—6,88	—37,28	1,10	0,03	—43,03	1,25	—44,28
							Mittelwert	—44,11
Messungen von P. H. EMMETT und I. F. SHULTZ [21].								
608	85	—8,82	—33,74	0,56	0,11	—41,89	2,45	—44,34
723	67	—8,35	—34,64	0,67	0,10	—42,22	2,06	—44,28
788	57	—8,03	—35,10	0,73	0,09	—42,31	1,89	—44,20
843	50,5	—7,78	—35,47	0,78	0,08	—42,39	1,77	—43,16
							Mittelwert	—44,25
Messungen von O. J. KLEPPA [54].								
738	56,8	—8,02	—34,76	0,68	0,09	—42,01	2,02	—44,03
793	51,3	—7,82	—35,14	0,73	0,07	—42,16	1,88	—44,04
848	44,2	—7,52	—35,49	0,78	0,06	—42,17	1,76	—43,93
898	39,35	—7,29	—35,79	0,83	0,06	—42,19	1,66	—43,85
							Mittelwert	—43,96

Tabelle 10. $CoO + CO = Co + CO_2$.

T	K_p	$\frac{\Delta G^0}{T}$	$-4{,}38 \lg T$	$+0{,}71 \cdot 10^{-3} T$	$-0{,}68 \cdot 10^5 T^{-2}$	Σ	$\frac{-10030}{T}$	Z
Messungen von M. WATANABE [127].								
836	174,5	—10,26	—12,80	0,59	—0,10	—22,57	—12,00	—10,57
888	108,9	— 9,31	—12,91	0,63	—0,09	—21,68	—11,30	—10,38
933	75,9	— 8,60	—13,01	0,66	—0,08	—21,03	—10,76	—10,27
998	50,0	— 7,77	—13,13	0,71	—0,07	—20,26	—10,05	—10,21
1028	41,6	— 7,40	—13,19	0,73	—0,06	—19,92	— 9,76	—10,16
1079	31,6	— 6,86	—13,28	0,77	—0,06	—19,43	— 9,30	—10,13
1134	23,2	— 6,25	—13,38	0,80	—0,05	—18,88	— 8,84	—10,04
							Mittelwert	—10,25

Die Umrechnung der so erhaltenen Mittelwerte auf die Reaktion $Co + \frac{1}{2} O_2 = CoO$ ergibt für Z in der Reihenfolge der Tab. 9 und 10 29,47; 29,61; 29,32 und 29,50 mit einem Mittelwert von 29,48. Die Gleichungen lauten damit folgendermaßen:

$$Co(s) + \tfrac{1}{2} O_2 = CoO(s),$$

$$\Delta I = -57950 + 1{,}5\,T, \tag{76}$$

$$\Delta G^0 = -57950 - 3{,}45\,T \lg T + 29{,}48\,T, \tag{77}$$

$$\Delta I_{298} = -57500, \quad \Delta G^0_{298} = -51710, \quad \Delta S_{298} = -19{,}43\,.$$

Bei $S_{298} = 6{,}8$ bzw. 7,18 für Co ergibt die für ΔS_{298} erhaltene Zahl für das Kobaltoxyd Entropiewerte von 11,88 bzw. 12,26. Es wird damit gute Übereinstimmung mit KLEPPA erzielt, dessen Wert als der wahrscheinlichste anzusehen ist.

Das Umrechnen der Gleichungen auf den schmelzflüssigen Zustand ist nur auf Grund von Schätzungen möglich, die infolge der besonders bei den hohen Temperaturen fehlenden Messungen eine große Unsicherheit mit sich bringen. Für Näherungsrechnungen sei angegeben, daß KELLEY [47] die Schmelzwärme von Kobalt bei 1490° C zu 3660 cal/Mol angibt.

Chrom(III)-Oxyd.

Die Unterlagen für die Aufstellung der Affinitätsgleichung von Chrom(III)-Oxyd sind erst in jüngster Zeit durch die Untersuchungen von G. GRUBE und M. FLAD [33; 34] so weit vervollständigt worden, daß eine ausreichende Genauigkeit der Rechnung erzielt werden kann. Während für das Metall von KELLEY [45] die Gleichung

$$Cr(s): C_p = 4{,}84 + 2{,}95 \cdot 10^{-3}\,T$$

mit einer Unsicherheit von 5% angegeben wird, liegt für das Oxyd nur eine von KELLEY [45] geschätzte Gleichung vor ($Cr_2O_3(s): C_p = 26{,}0 + 4{,}00 \cdot 10^{-3}\,T$). G. GRUBE und M. FLAD [34] bestimmten zwischen 22 und 1000° C bzw. zwischen 22 und 980° C die mittlere spezifische Wärme neu zu 30,10 bzw. 29,79. Die spezifische Wärme bei Raumtemperatur wurde von A. S. RUSSEL (zit. in [66]) zu 27,44 angegeben. Aus diesen Werten läßt sich folgende Gleichung für die wahre spezifische Wärme des Oxyds ableiten:

$$Cr_2O_3(s): C_p = 25{,}9 + 5{,}2 \cdot 10^{-3}\,T\,.$$

Die Wärmetönung der Reaktion $2\,Cr + \frac{3}{2}\,O_2 = Cr_2O_3$ ist von W. A. ROTH und U. WOLF [98] zu -268900 ± 600 bestimmt worden. In Übereinstimmung mit diesem Wert berechnen G. GRUBE und M. FLAD [34] aus ihren Gleichgewichtsmessungen mit H_2/H_2O-Gemischen -269100. Für die eigene Rechnung stehen neben dieser Arbeit Untersuchungen von H. v. WARTENBERG und S. AOYAMA [125] sowie eine ältere Veröffentlichung von GRUBE und FLAD [33] zur Verfügung[1].

[1] Messungen von I. GRANAT [Metallurgist (russ.) Bd. 11 (1936) S. 35], deren

Die unter Benutzung von (43) ermittelte Gleichung für die Auswertung der Versuchsdaten lautet:

$$\frac{\varDelta I_0}{T} + Z = \frac{\varDelta G^0}{T} - 34{,}75 \lg T + 3{,}31 \cdot 10^{-3}\, T = \Sigma.$$

Die Rechnung ist aus Tab. 11 (s. S. 36) zu ersehen. Der aus den Messungen von G. GRUBE und M. FLAD [34] ermittelte Wert von $\varDelta I_0$ weicht um 1760 cal von dem Wert ab, der bei Verwendung der von ROTH angegebenen Bildungsenthalpie erhalten wird[1].

Die Messungen von H. v. WARTENBERG und S. AOYAMA geben einen so stark abweichenden Wert für die Reaktionsenthalpie und so erhebliche Streuungen der erhaltenen Z-Werte, daß sie bei der Aufstellung der Gleichung für $\varDelta G^0$ nicht berücksichtigt werden. Es wird der aus der letzten Meßreihe von GRUBE und FLAD erhaltene Wert übernommen.

$$2\,Cr(s) + {}^3/_2\, O_2 = Cr_2O_3(s),$$

$$\varDelta I = -267280 + 3{,}81\, T - 0{,}55 \cdot 10^{-3}\, T^2 - 2{,}82 \cdot 10^5\, T^{-1}, \quad (78)$$

$$\varDelta G^0 = -267280 - 8{,}77\, T \lg T + 0{,}55 \cdot 10^{-3}\, T^2 - 1{,}41 \cdot 10^5\, T^{-1} + 89{,}14\, T, \quad (79)$$

$$\varDelta I_{298} = -267140, \quad \varDelta G^0_{298} = -247610, \quad \varDelta S_{298} = -65{,}54.$$

Die aus Messungen der spezifischen Wärmen bei tiefen Temperaturen abgeleiteten Entropien betragen nach K. K. KELLEY [48] 5,68 $\pm$0,07 für das Metall und 19,4 $\pm$0,3 für das Oxyd. Daraus erhält man in sehr guter Übereinstimmung mit dem eben errechneten Wert $\varDelta S_{298} = -65{,}49$.

Die Umrechnung der erhaltenen Gleichungen auf Temperaturen oberhalb des Schmelzpunktes von Chrom ergibt wegen der Ungenauigkeit der spezifischen Wärmen nur unsichere Gleichungen. W. KROLL [62] gibt die Schmelztemperatur des Chroms zu 2223^0 K an, KELLEY [47] die Schmelzwärme zu 3930 cal/Mol. Die spezifische Wärme von Cr (l) beträgt nach KELLEY [45] 9,70, nach S. UMINO (zit. in [4]) 9,60. Unter Berücksichtigung der für Sauerstoff gegebenen Gleichung der spezifischen Wärme läßt sich $\varDelta C_p$ auf 2 schätzen. Man erhält damit:

$$2\,Cr(l) + {}^3/_2\, O_2 = Cr_2O_3(s),$$

$$\varDelta I = -273970 + 2\, T, \quad (80)$$

$$\varDelta G^0 = -273970 - 4{,}6\, T \lg T + 79{,}4\, T. \quad (81)$$

Ergebnisse einem Diagramm der Arbeit von GRUBE und FLAD [34] sowie dem Chemischen Zentralblatt entnommen wurden, geben eine sehr starke Abweichung des damit erhaltenen Z-Wertes (93,2) von dem endgültigen Wert (89,1). Von der Aufnahme dieser Messungen in die Arbeit wurde daher abgesehen.

[1] G. GRUBE und M. FLAD [34] errechnen aus ihren Messungen eine mit dem Rothschen Wert übereinstimmende Bildungsenthalpie von Cr_2O_3. Zur Berechnung der Sauerstoffdrucke des Oxydes aus den Reduktionsgleichgewichten benutzten sie die von H. ZEISE [132] angegebenen Gleichgewichtskonstanten der Wasserdampfdissoziation. Da bei der Berechnung des einen Wertes für 1573^0 K der aus der von ZEISE angegebenen Reihe herausfallende Wert für 1750^0 K (siehe S. 21, Anm. 1) verwandt wurde, ergab sich ein Fehler in dem für die Bildungsenthalpie ermittelten Wert, der zufällig zu einer Übereinstimmung mit dem von ROTH angegebenen Betrag führte.

Tabelle 11. $Cr_2O_3\,(s) + 3\,H_2 = 2\,Cr\,(s) + 3\,H_2O$.

T	K_p	$\frac{\Delta G^0}{T}$	$-34{,}75\,\lg T$	$+3{,}31\cdot 10^{-3}\,T$	Σ	$\frac{97\,900}{T}$	Z
			Messungen von H. v. Wartenberg und S. Aoyama [125].				
873	$3{,}21\cdot 10^{-19}$	84,62	—102,20	2,89	—14,69	112,14	—126,83
1410	$1{,}23\cdot 10^{-9}$	40,77	—109,43	4,67	—63,99	69,43	—133,42
1653	$2{,}34\cdot 10^{-7}$	30,42	—111,84	5,47	—75,95	59,23	—135,18
						Mittelwert	—131,81
			Messungen von G. Grube und M. Flad [33].				
1168	$2{,}54\cdot 10^{-12}$	53,04	—106,59	3,87	—49,68	83,82	—133,50
1241	$1{,}33\cdot 10^{-11}$	49,74	—107,50	4,11	—53,65	78,89	—132,54
1275	$3{,}62\cdot 11^{-11}$	47,74	—107,91	4,22	—55,95	76,78	—132,73
						Mittelwert	—132,92
			Messungen von G. Grube und M. Flad [34].				
1053	$3{,}51\cdot 10^{-14}$	61,49	—105,03	3,48	—40,06	92,97	—133,03
1168	$2{,}47\cdot 10^{-12}$	53,06	—106,59	3,87	—49,66	83,82	—133,48
1178	$2{,}79\cdot 10^{-12}$	52,82	—106,72	3,90	—50,00	83,11	—133,11
1241	$1{,}26\cdot 10^{-11}$	49,82	—107,50	4,11	—53,57	78,89	—132,46
1235	$3{,}50\cdot 10^{-11}$	47,80	—107,91	4,22	—55,89	76,78	—132,67
1283	$3{,}95\cdot 10^{-11}$	47,55	—108,01	4,25	—56,21	76,31	—132,52
1295	$6{,}10\cdot 10^{-11}$	46,69	—108,15	4,29	—57,17	75,60	—132,77
1333	$1{,}78\cdot 10^{-10}$	44,57	—108,59	4,41	—59,61	73,44	—133,05
1357	$2{,}75\cdot 10^{-10}$	43,70	—108,86	4,49	—60,67	72,14	—132,81
1363	$4{,}46\cdot 10^{-10}$	42,75	—108,93	4,51	—61,67	71,83	—133,50
1389	$6{,}35\cdot 10^{-10}$	42,04	—109,21	4,60	—62,57	70,48	—133,05
1423	$1{,}25\cdot 10^{-9}$	40,70	—109,57	4,71	—64,16	68,80	—132,96
1483	$5{,}88\cdot 10^{-9}$	37,64	—110,20	4,91	—67,65	66,01	—133,66
1511	$7{,}78\cdot 10^{-9}$	37,08	—110,48	5,00	—68,40	64,79	—133,19
1551	$1{,}67\cdot 10^{-8}$	35,56	—110,87	5,13	—70,18	63,12	—133,30
1555	$1{,}78\cdot 10^{-8}$	35,43	—110,91	5,15	—70,33	62,96	—133,29
1558	$1{,}79\cdot 10^{-8}$	35,42	—110,94	5,16	—70,36	62,84	—133,20
1573	$2{,}11\cdot 10^{-8}$	35,09	—111,08	5,20	—70,79	62,24	—133,03
						Mittelwert	—133,06

Kupfer(II)-Oxyd.

Kelley [45] gibt für das Metall und das Oxyd folgende Gleichungen der spezifischen Wärmen an:

$$\mathrm{Cu(s)}\;:C_p = 5{,}44 + 1{,}46\cdot 10^{-3}\,T\ (1\%),$$
$$\mathrm{CuO(s)}:C_p = 10{,}87 + 3{,}58\cdot 10^{-3}\,T - 1{,}51\cdot 10^{5}\,T^{-2}\ (3\%).$$

Der wahrscheinlichste Wert der Bildungsenthalpie bei Raumtemperatur beträgt nach W. A. Roth (zit. in [71]) — 37500 cal/Mol. Die Entropien gibt Kelley [48] zu 7,97 für Kupfer in Übereinstimmung mit W. F. Giauque und P. F. Meads [30] und zu 10,4 ± 0,2 für das Oxyd bei 298° K an. Damit läßt sich die freie Enthalpie und ihre Temperaturfunktion ableiten.

$$\mathrm{Cu(s)} + \tfrac{1}{2}\,\mathrm{O_2} = \mathrm{CuO(s)},$$

$$\Delta I = -38170 + 1{,}30\,T + 0{,}99\cdot 10^{-3}\,T^2 + 0{,}57\cdot 10^{5}\,T^{-1}, \quad (82)$$

$$\Delta G^0 = -38170 - 2{,}99\,T\lg T - 0{,}99\cdot 10^{-3}\,T^2 + 0{,}28\cdot 10^{5}\,T^{-1} + 31{,}72\,T, \quad (83)$$

$$\Delta I_{298} = -37500, \qquad \Delta G^0_{298} = -30920, \qquad \Delta S_{298} = -22{,}08.$$

Kupfer(I)-Oxyd.

Die Gleichung für die spezifische Wärme von Kupfer(I)-Oxyd wird von M. RANDALL, R. F. NIELSEN und G. H. WEST [88] zu

$$Cu_2O\,(s): C_p = 14{,}34 + 6{,}2 \cdot 10^{-3}\,T$$

angegeben. Messungen der mittleren spezifischen Wärme von L. WÖHLER und N. JOCHUM [130] zwischen 17 und 950° C geben bei Umformung obiger Gleichung auf $\overline{C}_p$ eine maximale Abweichung von 2%.

Der wahrscheinlichste Wert der Bildungsenthalpie ist nach W. A. ROTH (zit. in [71]) -41000 cal/Mol. Die Entropie des Oxydes beträgt nach K. K. KELLEY [48] mit ziemlicher Unsicherheit $24{,}1 \pm 1{,}5$. Damit ergeben sich folgende Gleichungen:

$$2\,Cu(s) + \tfrac{1}{2}\,O_2 = Cu_2O\,(s),$$

$$\Delta I = -40630 - 0{,}68\,T \quad + 1{,}58 \cdot 10^{-3}\,T^2 - 0{,}94 \cdot 10^5\,T^{-1}, \qquad (84)$$

$$\Delta G^0 = -40630 + 1{,}57\,T \lg T - 1{,}58 \cdot 10^{-3}\,T^2 - 0{,}47 \cdot 10^5\,T^{-1} + 12{,}22\,T, \qquad (85)$$

$$\Delta I_{298} = -41000, \qquad \Delta G^0_{298} = -36130, \qquad \Delta S_{298} = -16{,}35.$$

Eine Überprüfung der für die Oxyde des Kupfers abgeleiteten Gleichungen ist an Hand der von F. BECKER (zit. in [71]) durchgeführten Messungen des Sauerstoffdruckes der Reaktion $Cu_2O + \tfrac{1}{2}\,O_2 = 2\,CuO$ möglich. Unter Benutzung der bisher angegebenen spezifischen Wärmen und Bildungsenthalpien ergibt sich folgende Gleichung der freien Enthalpie für die untersuchte Reaktion:

$$\Delta G^0 = -35710 - 7{,}55\,T \lg T - 0{,}40 \cdot 10^{-3}\,T^2 + 1{,}03 \cdot 10^5\,T^{-1} + Z\,T,$$

oder auf die für die Auswertung günstigste Form gebracht:

$$\frac{-35710}{T} + Z = \frac{\Delta G^0}{T} + 7{,}55 \cdot \lg T + 0{,}40 \cdot 10^{-3}\,T - 1{,}03 \cdot 10^5\,T^{-2} = \Sigma.$$

Die Rechnung ist in Tab. 12 wiedergegeben.

Tabelle 12. $Cu_2O + \tfrac{1}{2}O_2 = 2\,CuO$.

T	p_{O_2} (mm Hg)	K_p	$\frac{\Delta G^0}{T}$	$+7{,}55 \cdot \lg T$	$+0{,}40 \cdot 10^{-3}\,T$	$-1{,}03 \cdot 10^5\,T^{-2}$	Σ	$-\frac{35710}{T}$	Z
1193	18,2	6,46	−3,71	23,21	0,48	−0,07	19,91	−29,92	49,83
1213	28,6	5,16	−3,26	23,28	0,49	−0,07	20,44	−29,42	49,86
1233	43,3	4,19	−2,85	23,32	0,49	−0,07	20,89	−28,95	49,84
1253	65,2	3,41	−2,44	23,38	0,50	−0,07	21,37	−28,49	49,86
1273	94,0	2,84	−2,08	23,42	0,51	−0,06	21,79	−28,04	49,83
1293	135,0	2,37	−1,72	23,49	0,52	−0,06	22,23	−27,61	49,84
								Mittelwert	49,84

Die sehr gute Übereinstimmung der Z-Werte zeigt, daß die kalorimetrische Messung und die Auswertung der Messungen des Sauerstoffdruckes zum gleichen Wert der Reaktionsenthalpie führen.

Von den für das (I)-Oxyd und das (II)-Oxyd abgeleiteten Gleichungen der freien Enthalpie ist die für CuO wegen der größeren Sicherheit des entsprechenden Entropiewertes anscheinend genauer als die für Cu_2O gültige. Die weitere Auswertung der Tab. 12 wird deshalb mit den für CuO ermittelten Gleichungen ausgeführt. Für die Bildung von Cu_2O ergibt sich damit:

$$2\,Cu(s) + \tfrac{1}{2}\,O_2 = Cu_2O(s),$$

$$\Delta I = -40630 - 0{,}68\,T + 1{,}58 \cdot 10^{-3}\,T^2 - 0{,}94 \cdot 10^5\,T^{-1}, \qquad (86)$$

$$\Delta G^0 = -40630 + 1{,}57\,T \lg T - 1{,}58 \cdot 10^{-3}\,T^2 - 0{,}47 \cdot 10^5\,T^{-1} + 13{,}60\,T, \qquad (87)$$

$$\Delta I_{298} = -41000, \qquad \Delta G^0_{298} = -35720, \qquad \Delta S_{298} = -17{,}72.$$

Mit den für Cu und O_2 angegebenen Entropien errechnet man aus dem eben abgeleiteten Wert von ΔS die Entropie des Kupfer (I)-Oxydes zu 22,5. Diese Zahl liegt um 0,1 Einheiten außerhalb des von KELLEY angegebenen Toleranzbereiches von 24,1 $\pm$ 1,5. Nach der von KELLEY [44] angegebenen Formel[1] zur Berechnung von Entropien erhält man 21,6, also auch einen niedriger liegenden Wert.

Eine Kontrolle ist durch die Auswertung der für die Reaktion

$$2\,Cu_2O + Cu_2S = 6\,Cu + SO_2$$

durchgeführten Gleichgewichtsmessungen möglich. W. REINDERS und F. GOUDRIAAN [89] haben die Reaktionsdrücke im Bereich von 859° C bis 1053° C ermittelt. Die für die Auswertung notwendigen Affinitätsgleichungen von SO_2 und Cu_2S wurden bereits von KELLEY [49] abgeleitet.

$$S(rh) + O_2 = SO_2,$$

$$\Delta G^0 = -70640 + 1{,}04\,T \lg T + 2{,}54 \cdot 10^{-3}\,T^2 + 0{,}08 \cdot 10^5\,T^{-1} - 7{,}16\,T, \qquad (88)$$

$$2\,Cu(s) + S(rh) = Cu_2S(\alpha),$$

$$\Delta G^0 = -18440 + 11{,}70\,T \lg T - 11{,}02 \cdot 10^{-3}\,T^2 - 32{,}76\,T. \qquad (89)$$

Da bei der Temperatur der Gleichgewichtsuntersuchungen die β-Modifikation des Sulfides beständig ist, muß noch auf diese umgerechnet werden. KELLEY [49] gibt folgende Werte für die zur Umrechnung notwendigen Größen an:

$$S(rh): \quad C_p = 3{,}63 + 6{,}40 \cdot 10^{-3}\,T,$$

$$Cu_2S(\alpha) = Cu_2S(\beta): \quad \Delta I_{376} = 1340,$$

$$Cu_2S(\beta): \quad C_p = 20{,}9.$$

Damit läßt sich ableiten:

$$2\,Cu(s) + S(rh) = Cu_2S(\beta),$$

$$\Delta I = -19190 + 6{,}39\,T - 4{,}66 \cdot 10^{-3}\,T^2, \qquad (90)$$

$$\Delta G^0 = -19190 - 14{,}72\,T \lg T + 4{,}66 \cdot 10^{-3}\,T^2 + 31{,}42\,T. \qquad (91)$$

Es ist zweckmäßig, die Genauigkeit dieser Gleichung an Hand von Gleichgewichtsmessungen zu kontrollieren, welche E. V. BRITZKE und A. F. KAPUSTINSKY [11] für die Reaktion $Cu_2S + H_2 = 2\,Cu + H_2S$ im Bereich von 731 bis 875° C durch-

[1] Siehe S. 29, Anm. 1.

geführt haben. Tab. 13 zeigt die Auswertung dieser Messungen. Die Gleichung von ΔG^0 für die Bildung von H_2S aus H_2 und S(rh) wurde von KELLEY angegeben zu:

$$H_2 + S(rh) = H_2S,$$

$$\Delta G^0 = -3730 + 7{,}02\ T \lg T + 1{,}87 \cdot 10^{-3}\ T^2 - 31{,}82\ T. \qquad (92)$$

Während sich allein aus den von KELLEY angegebenen Daten für die Integrationskonstante der Gl. (91) $Z = 31{,}42$ ergeben hatte, führt die Auswertung der Tab. 13 zu $Z = 33{,}34$. Dieser Wert wird, da er durch Gleichgewichtsmessungen bei hohen Temperaturen ermittelt wurde, übernommen. Für die zu untersuchende Reaktion ergibt sich damit folgende Gleichung:

$$2\,Cu_2O(s) + Cu_2S(\beta) = 6\,Cu(s) + SO_2,$$

$$\Delta G^0 = 29810 + 12{,}62\ T \lg T + 1{,}04 \cdot 10^{-3}\ T^2 + 1{,}02 \cdot 10^5\ T^{-1} + Z\ T. \qquad (93)$$

Tabelle 13. $Cu_2S + H_2 = 2\,Cu + H_2S$

T	$\lg K_p$	$\frac{\Delta G^0}{T}$	$-21{,}74 \lg T$	$+2{,}79 \cdot 10^{-3} T$	Σ	$\frac{15460}{T}$	Z
1004	—2,824	12,92	—65,25	2,80	—49,53	15,39	—64,92
1109	—2,602	11,90	—66,20	3,09	—51,21	14,02	—65,23
1148	—2,523	11,54	—66,54	3,20	—51,80	13,54	—65,34
						Mittelwert	—65,16

Die Integrationskonstante Z erhält die Werte — 64,94 bzw. — 67,70, je nachdem, ob für Cu_2O Gl. (85) oder (87) eingesetzt wird[1].

Die Auswertung der Messungen von W. REINDERS und F. GOUDRIAAN gibt Tab. 14 wieder. Die Konstanz der Z-Werte spricht wieder für die Genauigkeit der bei Ableitung der benutzten Gleichungen eingesetzten Bildungsenthalpien. Der Z-Wert bestätigt mit — 68,31 Gl. (87), die unverändert übernommen wird. Die Entropie des Kupfer(I)-Oxydes besitzt danach einen niedrigeren Wert, als von KELLEY angegeben wurde. Aus der obigen Rechnung läßt sie sich zu 22,6 ± 0,5 ableiten. Die Übereinstimmung mit der aus der KELLEYschen Entropieformel errechneten Zahl ist damit wesentlich verbessert worden.

Tabelle 14. $2\,Cu_2O(s) + Cu_2S(\beta) = 6\,Cu(s) + SO_2$.

T	p_{SO_2}	$\frac{\Delta G^0}{T}$	$-12{,}62 \cdot \lg T$	$-1{,}04 \cdot 10^{-3} T$	$-1{,}02 \cdot 10^5 T^{-2}$	Σ	$\frac{29810}{T}$	Z
859	0,0961	4,65	—37,03	—0,89	—0,14	—33,41	34,70	—68,11
880	0,1579	3,67	—37,16	—0,92	—0,13	—34,54	33,87	—68,41
909	0,2354	2,87	—37,33	—0,95	—0,12	—35,53	32,79	—68,32
923	0,2920	2,45	—37,42	—0,96	—0,12	—36,05	32,29	—68,34
942	0,3802	1,92	—37,53	—0,98	—0,11	—36,70	31,63	—68,33
964	0,5132	1,33	—37,67	—1,00	—0,11	—37,45	30,92	—68,37
983	0,6420	0,88	—37,78	—1,02	—0,11	—38,03	30,33	—68,36
1003	0,7882	0,50	—37,88	—1,04	—0,10	—38,52	29,72	—68,24
							Mittelwert	—68,31

[1] Wird für die Gl. (93) der aus den KELLEYschen Daten abgeleitete Z-Wert 31,42 übernommen, so erhält man — 63,02 bzw. — 65,78. Auch in diesem Falle würde durch die in Tab. 14 wiedergegebene Rechnung die Gl. (87), wenn auch bei unbefriedigender Übereinstimmung der Absolutwerte, bestätigt werden.

Für die Schmelzwärme von Kupfer gibt KELLEY [47] in guter Übereinstimmung mit anderen Autoren 3110 ± 200 cal/Mol an, während diejenige von Cu_2O [49] mit 13400 sehr unsicher ist. Die entsprechenden Schmelztemperaturen sind 1083° C und 1230° C. Die spezifischen Wärmen im geschmolzenen Zustand betragen 7,50 für Kupfer [45] und als geschätzter Wert 24 für Kupfer(I)-Oxyd [49]. Wegen der Unsicherheit des letzten Wertes wird bei der Rechnung mit Cu_2O (l) $\Delta C_p = 5$ eingesetzt.

$$2\,Cu(l) + \tfrac{1}{2}\,O_2 = Cu_2O(s),$$

$$\Delta I = -43950 - 4{,}80\,T + 3{,}04 \cdot 10^{-3}\,T^2 - 0{,}94 \cdot 10^5\,T^{-1}, \quad (94)$$

$$\Delta G^0 = -43950 + 11{,}06\,T \lg T - 3{,}04 \cdot 10^{-3}\,T^2 - 0{,}47 \cdot 10^5\,T^{-1} - 11{,}72\,T. \quad (95)$$

$$2\,Cu(l) + \tfrac{1}{2}\,O_2 = Cu_2O(l),$$

$$\Delta I = -38490 + 5\,T, \quad (96)$$

$$\Delta G^0 = -38490 - 11{,}52\,T \lg T + 51{,}80\,T. \quad (97)$$

Eisen(II)-Oxyd.

Die Aufstellung der Affinitätsgleichungen für Eisen(II)-Oxyd ist bei Berücksichtigung der verschiedenen Modifikationen des Eisens wesentlich umständlicher als bei den bisher behandelten Oxyden. Andererseits stehen zahlreiche, zum Teil sehr gut übereinstimmende Untersuchungen zur Verfügung, so daß die Sicherheit der abgeleiteten Werte und Gleichungen größer ist als bei den übrigen untersuchten Metalloxyden.

Die für Fe(α), Fe(γ) und Fe(δ) angegebenen Gleichungen der spezifischen Wärmen sind einer Arbeit von K. K. KELLEY [45] entnommen worden. Für Fe(β)* wird ein Wert von RALSTON (zit. in [71]), für FeO(s) die Gleichung von J. CHIPMAN und D. W. MURPHY [15] eingesetzt.

$$Fe(\alpha): C_p = 4{,}13 + 6{,}38 \cdot 10^{-3}\,T \text{ (4\% bis 600° C)**},$$

$$Fe(\beta): C_p = 11{,}8\text{***},$$

* Die ungebräuchliche Bezeichnung Fe(β) für das unmagnetische α-Eisen wird gewählt, um die Kennzeichnung der für die verschiedenen Temperaturgebiete abgeleiteten Gleichungen zu erleichtern.

** Nach den von H. KLINKHARDT [68] und E. BAERLECKEN (zit. in [71]) angegebenen Werten der spezifischen Wärme gibt die KELLEYsche Formel die zur Erwärmung von 600 auf 768° C notwendige Warmemenge um 400 cal zu niedrig an, während die Übereinstimmung mit den von G. NAESER (zit. in [71]) bis 726° ermittelten mittleren spezifischen Wärmen gut ist. H. v. STEINWEHR und A. SCHULZE [113] finden bei den im Kalorimeter durchgeführten Messungen nach der Haltepunktsmethode, daß sich die Wärmeabgabe bei der magnetischen Umwandlung auf ein Temperaturbereich von ungefähr 80° erstreckt. Es ist anzunehmen, daß die von KLINKHARDT und von BAERLECKEN angegebenen spezifischen Wärmen diese Umwandlungswärme mit enthalten, so daß bei Berücksichtigung der Umwandlungswärme in der Rechnung eine Korrektur für die Abweichung der KELLEYschen Formel nicht notwendig ist.

*** Die Messungen von E. BAERLECKEN (zit. in [71]) werden durch die Gleichung $C_p = 23{,}9 - 11{,}0 \cdot 10^{-3}\,T$ mit einem maximalen Fehler von 2,5%

$Fe(\gamma)$: $C_p = 8{,}40$ (10%),
$Fe(\delta)$: $C_p = 10{,}00$ (10%),
$FeO(s)$* : $C_p = 11{,}4 + 4{,}0 \cdot 10^{-3}\, T$ (5%).

Die Bildungsenthalpie, für welche in der Literatur Werte zwischen -64150 und -64650 genannt werden, ist in der folgenden Rechnung nach W. A. ROTH (zit. in [71]) mit -64500 ± 100 eingesetzt worden. Dieser Wert ist in guter Übereinstimmung mit den Zahlen, die sich aus den gemessenen Gleichgewichten errechnen lassen[1].

Für die Umwandlungen des Eisens werden folgende Wärmetönungen eingesetzt:

$Fe(\alpha) = Fe(\beta)$: $\Delta I_{1041} = 270$ nach H. v. STEINWEHR und A. SCHULZE [113],
$Fe(\beta) = Fe(\gamma)$: $\Delta I_{1179} = 360$ nach KELLEY [45],
$Fe(\gamma) = Fe(\delta)$: $\Delta I_{1674} = 150$ als Mittelwert aus verschiedenen Angaben (zit. in [71]).

Mit Hilfe der bisher gemachten Angaben und der für Kohlendioxyd, Kohlenmonoxyd und Wasserdampf abgeleiteten Gleichungen lassen sich nun die zur Auswertung von Gleichgewichtsmessungen notwendigen Formeln ableiten. Die Rechnung ist aus den Tab. 15 bis 20 zu ersehen, in denen gleichzeitig die Autoren der einzelnen zur Auswertung herangezogenen Arbeiten angegeben sind.

Tabelle 15. $FeO(s) + CO = Fe(\alpha) + CO_2$.

T	K_p	$\frac{\Delta G^0}{T}$	$-8{,}13 \cdot \lg T$	$+1{,}97 \cdot 10^{-3} T$	$-1{,}15 \cdot 10^5 T^{-2}$	Σ	$\frac{-2980}{T}$	Z
Messungen von R. SCHENCK, TH. DINGMANN, P. H. KIRSCHT und H. WESSELKOCK [103].								
873	0,902	0,21	—23,91	1,72	—0,15	—22,13	—3,41	—18,72
923	0,758	0,55	—24,12	1,82	—0,14	—21,89	—3,23	—18,66
973	0,672	0,79	—24,29	1,92	—0,12	—21,70	—3,06	—18,64
							Mittelwert	—18,67
Messungen von E. D. EASTMAN und R. M. EVANS [19].								
973	0,678	0,77	—24,29	1,92	—0,12	—21,72	—3,06	—18,66
1023	0,608	0,99	—24,47	2,02	—0,19	—21,57	—2,91	—18,66
							Mittelwert	—18,66

wiedergegeben. Da bei dem geringen Temperaturintervall von 138° mit einem Mittelwert für die spezifische Wärme kein merkbarer Fehler gemacht wird, außerdem diese großen Zahlen die Rechnung unnötig erschweren wurden, wird der von RALSTON angegebene Wert übernommen.

* Unter der Kennzeichnung FeO(s) ist bei der folgenden Rechnung der mit Eisen im Gleichgewicht stehende Wüstit zu verstehen, der einen höheren Sauerstoffgehalt hat, als der Formel FeO entspricht (siehe S. 48, Anm. *).

[1] Die Schwankungen der Z-Werte bei den einzelnen Meßreihen sind, soweit sie durch einen anderen Wert von ΔI_0 zu vermeiden wären, in ihrer Temperaturabhängigkeit gegenläufig, so daß sie sich bei der Mittelwertbildung von ΔI_0 aufheben.

Tabelle 15 (Fortsetzung).

T	K_p	$\frac{\Delta G^0}{T}$	$-8{,}13 \cdot \lg T$	$+1{,}97 \cdot 10^{-3}\, T$	$-1{,}15 \cdot 10^5\, T^{-2}$	Σ	$\frac{-2980}{T}$	Z
			Messungen von R. R. GARRAN [29].					
923	0,780	0,49	—24,12	1,82	—0,17	—21,95	—3,23	—18,72
973	0,681	0,76	—24,29	1,92	—0,12	—21,73	—3,06	—18,67
1023	0,606	1,00	—24,47	2,02	—0,19	—21,56	—2,91	—18,65
							Mittelwert	—18,68
			Messungen von A. MATSUBARA [79].					
993	0,649	0,86	—24,37	1,96	—0,12	—21,67	—3,00	—18,67

Tabelle 16. $FeO(s) + CO = Fe\,(\beta) + CO_2$.

T	K_p	$\frac{\Delta G^0}{T}$	$+9{,}54 \cdot \lg T$	$-1{,}23 \cdot 10^{-3}\, T$	$-1{,}15 \cdot 10^5\, T^{-2}$	Σ	$\frac{-7230}{T}$	Z
			Messungen von R. SCHENCK, TH. DINGMANN, P. H. KIRSCHT und H. WESSELKOCK [103].					
1073	0,534	1,25	28,89	—1,32	—0,10	28,74	—6,74	35,48
1173	0,451	1,58	29,26	—1,44	—0,08	29,34	—6,16	35,50
							Mittelwert	35,49
			Messungen von E. D. EASTMAN und R. M. EVANS [19].					
1073	0,552	1,18	28,89	—1,32	—0,10	28,67	—6,74	35,41
1123	0,505	1,36	29,08	—1,38	—0,09	28,99	—6,44	35,43
1173	0,466	1,52	29,26	—1,44	—0,08	29,28	—6,16	35,44
							Mittelwert	35,43
			Messungen von R. R. GARRAN [29].					
1073	0,539	1,23	28,89	—1,32	—0,10	28,72	—6,74	35,46
1123	0,486	1,43	29,08	—1,38	—0,09	29,06	—6,44	35,50
1173	0,443	1,62	29,26	—1,44	—0,08	29,38	—6,16	35,54
							Mittelwert	35,50
			Messungen von A. MATSUBARA [79].					
1136	0,512	1,33	29,15	—1,40	—0,09	29,01	—6,36	35,37

Tabelle 17. $FeO(s) + CO = Fe(\gamma) + CO_2$.

T	K_p	$\frac{\Delta G^0}{T}$	$+1{,}71 \cdot \lg T$	$-1{,}23 \cdot 10^{-3}\, T$	$-1{,}15 \cdot 10^5\, T^{-2}$	Σ	$\frac{-2860}{T}$	Z
			Messungen von R. SCHENCK, TH. DINGMANN, P. H. KIRSCHT und H. WESSELKOCK [103].					
1273	0,397	1,84	5,29	—1,57	—0,07	5,49	—2,25	7,74
1373	0,359	2,04	5,35	—1,69	—0,06	5,64	—2,08	7,72
							Mittelwert	7,73
			Messungen von E. D. EASTMAN und R. M. EVANS [19].					
1223	0,432	1,67	5,26	—1,50	—0,08	5,35	—2,34	7,69
1273	0,403	1,81	5,29	—1,57	—0,07	5,46	—2,25	7,71
							Mittelwert	7,70

Tabelle 17 (Fortsetzung).

T	K_p	$\frac{\Delta G^0}{T}$	$+1,71 \cdot \lg T$	$-1,23 \cdot 10^{-3} T$	$-1,15 \cdot 10^5 T^{-2}$	Σ	$\frac{-2860}{T}$	Z
			Messungen von R. R. GARRAN [29].					
1223	0,405	1,80	5,26	—1,50	—0,08	5,48	—2,34	7,82
1273	0,375	1,95	5,29	—1,57	—0,07	5,60	—2,25	7,85
1323	0,353	2,07	5,32	—1,63	—0,07	5,69	—2,16	7,85
1373	0,333	2,18	5,35	—1,69	—0,06	5,78	—2,08	7,86
1423	0,318	2,28	5,38	—1,75	—0,06	5,85	—2,01	7,86
1473	0,307	2,34	5,40	—1,81	—0,05	5,88	—1,94	7,82
1523	0,300	2,39	5,43	—1,87	—0,05	5,90	—1,88	7,78
1573	0,297	2,41	5,45	—1,93	—0,05	5,88	—1,82	7,70
							Mittelwert	7,82
			Messungen von A. MATSUBARA [79].					
1236	0,441	1,59	5,28	—1,52	—0,08	5,27	—2,31	—7,58
1348	0,382	1,91	5,36	—1,66	—0,06	5,55	—2,12	—7,67
1351	0,381	1,92	5,36	—1,66	—0,06	5,56	—2,11	—7,67
							Mittelwert	— 7,64
			Messungen von D. W. MURPHY, W. P. WOOD und W. E. JOMINY [83].					
1366	0,349	2,09	5,36	—1,68	—0,06	5,71	—2,09	7,80
1477	0,303	2,37	5,42	—1,82	—0,05	5,92	—1,94	7,86
1533	0,286	2,49	5,44	—1,89	—0,05	5,99	—1,87	7,86
1589	0,266	2,63	5,48	—1,95	—0,05	6,11	—1,80	7,91
1644	0,240	2,84	5,50	—2,02	—0,04	6,28	—1,74	8,02
							Mittelwert	7,89

Tabelle 18. $FeO(s) + H_2 = Fe(\alpha) + H_2O$.

T	K_p	$\frac{\Delta G^0}{T}$	$-15,87 \cdot \lg T$	$+2,18 \cdot 10^{-3} T$	Σ	$\frac{8540}{T}$	Z
			Messungen von P. H. EMMETT und I. F. SHULTZ [22].				
873	0,334	2,18	—46,67	1,90	—42,59	9,78	—52,37
973	0,419	1,73	—47,41	2,12	—43,56	8,78	—52,34
						Mittelwert	—52,36
			Messungen von E. D. EASTMAN und R. M. EVANS [19].				
951	0,560	1,15	—47,26	2,07	—44,04	8,98	—53,02
998	0,615	0,96	—47,59	2,18	—44,45	8,56	—53,01
						Mittelwert	—53,02
			Messungen von W. KRINGS und J. KEMPKENS [61].				
988	0,475	1,48	—47,53	2,15	—43,90	8,64	—52,54

Tabelle 19. $FeO(s) + H_2 = Fe(\beta) + H_2O$.

T	K_p	$\frac{\Delta G^0}{T}$	$+1,80 \cdot \lg T$	$-1,02 \cdot 10^{-3} T$	Σ	$\frac{4290}{T}$	Z
			Messungen von P. H. EMMETT und I. F. SHULTZ [22].				
1073	0,501	1,39	5,44	—1,09	5,72	4,00	1,72
1173	0,603	1,01	5,51	—1,20	5,32	3,66	1,66
						Mittelwert	1,69

Tabelle 19 (Fortsetzung).

T	K_p	$\frac{\Delta G^0}{T}$	$+1,80 \cdot \lg T$	$-1,02 \cdot 10^{-3}\,T$	Σ	$\frac{4290}{T}$	Z
Messungen von E. D. EASTMAN und R. M. EVANS [19].							
1091	0,730	0,63	5,46	—1,11	4,98	3,93	1,05
1138	0,780	0,49	5,49	—1,16	4,82	3,77	1,05
						Mittelwert	1,05
Messungen von E. V. BRITZKE, A. F. KAPUSTINSKY u. T. I. SCHASCHKINA [12].							
1095	0,57	1,12	5,45	—1,12	5,45	3,92	1,53
1099	0,59	1,05	5,46	—1,12	5,39	3,90	1,49
1150	0,63	0,92	5,50	—1,17	5,25	3,73	1,52
						Mittelwert	1,51
Messungen von W. KRINGS und J. KEMPKENS [61].							
1073	0,565	1,13	5,44	—1,09	5,48	4,00	1,48

Tabelle 20. $FeO(s) + H_2 = Fe(\gamma) + H_2O$.

T	K_p	$\frac{\Delta G^0}{T}$	$-6,03 \cdot \lg T$	$-1,02 \cdot 10^{-3}\,T$	Σ	$\frac{8660}{T}$	Z
Messungen von P. H. EMMETT und I. F. SHULTZ [22].							
1273	0,678	0,77	—18,73	—1,30	—19,26	6,80	—26,06
Messungen von E. D. EASTMAN und R. M. EVANS [19].							
1182	0,84	0,35	—18,54	—1,21	—19,40	7,32	—26,72
1225	0,88	0,26	—18,63	—1,25	—19,62	7,07	—26,69
1295	0,96	0,08	—18,78	—1,32	—20,02	6,68	—26,70
						Mittelwert	—26,70
Messungen von E. V. BRITZKE, A. F. KAPUSTINSKY und T. I. SCHASCHKINA [12].							
1191	0,67	0,80	—18,56	—1,21	—18,97	7,27	—26,24
1200	0,66	0,82	—18,58	—1,22	—18,98	7,22	—26,20
1250	0,74	0,60	—18,69	—1,28	—19,37	6,92	—26,29
1295	0,77	0,53	—18,78	—1,32	—19,57	6,68	—26,25
1350	0,78	0,49	—18,89	—1,38	—19,78	6,41	—26,19
1382	0,84	0,35	—18,95	—1,41	—20,01	6,26	—26,27
1401	0,86	0,30	—18,98	—1,43	—20,11	6,18	—26,29
1450	0,93	0,15	—19,07	—1,48	—20,40	5,97	—26,37
1498	0,98	0,04	—19,17	—1,53	—20,66	5,78	—26,44
						Mittelwert	—26,28

Rechnet man die in den Tab. 15 bis 20 für die verschiedenen Temperaturbereiche erhaltenen Z-Werte auf die für die Oxydation von α-Eisen gültige Gleichung um, so erhält man für die einzelnen Meßreihen die in Tab. 21 wiedergegebenen Werte. Die Rechnung führt bei den mit Kohlenmonoxyd und Wasserdampf durchgeführten Messungen — im letzten Fall unter Vernachlässigung der Messungen von EASTMAN und EVANS[1] — zu gut übereinstimmenden Werten der Integrationskonstanten.

[1] Die Abweichungen bei den Messungen von EASTMAN und EVANS sind darauf

Tabelle 21. *Z-Werte für die Gleichungen der freien Enthalpie der Reaktion $Fe + \frac{1}{2} O_2 = FeO$, abgeleitet aus den Werten der Tab. 15 bis 20.*

	$Z(\alpha)$*	$Z(\beta)$*	$Z(\alpha)$	$Z(\gamma)$*	$Z(\beta)$	$Z(\alpha)$	Mittelw. $Z(\alpha)$
Gleichgewichte mit CO/CO_2-Gemischen.							
SCHENCK u. Mitarbeiter	37,92	—16,24	37,81	11,52	—16,24	37,83	37,85
EASTMAN u. EVANS	37,91	—16,18	37,89	11,55	—16,21	37,86	37,89
GARRAN	37,93	—16,25	37,82	11,43	—16,33	37,74	37,83
MATSUBARA	37,92	—16,12	37,95	11,61	—16,15	37,92	37,93
MURPHY				11,36	—16,39	37,68	37,68
Mittelwerte	37,92	—16,20	37,87	11,49	—16,26	37,81	37,84
Gleichgewichte mit H_2/H_2O-Gemischen.							
EMMETT u. SHULTZ	37,72	—16,33	37,74	11,42	—16,34	37,73	37,73
EASTMAN u. EVANS	38,38	—15,69	38,38	12,06	—15,70	38,37	38,38
KRINGS u. KEMPKENS	37,90	—16,12	37,95				37,93
BRITZKE, KAPUSTINSKY u. SCHASCHKINA		—16,15	37,92	11,64	—16,10	37,97	37,94
Mittelwerte (ohne EASTMAN u. EVANS)	37,81	—16,20	37,87	11,53	—16,22	37,85	37,86

Es lassen sich nunmehr die folgenden Gleichungen angeben:

$$Fe(\alpha) + \tfrac{1}{2} O_2 = FeO(s),$$

$$\Delta I = -65000 + 3{,}13\,T - 1{,}26 \cdot 10^{-3}\,T^2 - 0{,}94 \cdot 10^5\,T^{-1}, \quad (98)$$

$$\Delta G^0 = -65000 - 7{,}21\,T \lg T + 1{,}26 \cdot 10^{-3}\,T^2 - 0{,}47 \cdot 10^5\,T^{-1} + 37{,}85\,T, \quad (99)$$

$$\Delta I_{298} = -64500, \quad \Delta G^0_{298} = -59080, \quad \Delta S_{298} = -18{,}19.$$

$$Fe(\beta) + \tfrac{1}{2} O_2 = FeO(s),$$

$$\Delta I = -60750 - 4{,}54\,T + 1{,}94 \cdot 10^{-3}\,T^2 - 0{,}94 \cdot 10^5\,T^{-1}, \quad (100)$$

$$\Delta G^0 = -60750 + 10{,}46\,T \lg T - 1{,}94 \cdot 10^{-3}\,T^2 - 0{,}47 \cdot 10^5\,T^{-1} - 16{,}22\,T. \quad (101)$$

$$Fe(\gamma) + \tfrac{1}{2} O_2 = FeO(s),$$

$$\Delta I = -65120 - 1{,}14\,T + 1{,}94 \cdot 10^{-3}\,T^2 - 0{,}94 \cdot 10^5\,T^{-1}, \quad (102)$$

$$\Delta G^0 = -65120 + 2{,}63\,T \lg T - 1{,}94 \cdot 10^{-3}\,T^2 - 0{,}47 \cdot 10^5\,T^{-1} + 11{,}54\,T. \quad (103)$$

Der für ΔS_{298} ermittelte Wert kann an Hand der in der Literatur angegebenen Entropiewerte überprüft werden. Der aus Messungen der

zurückzuführen, daß der Einfluß der Thermodiffusion, der wichtigsten Fehlerquelle bei Gleichgewichtsmessungen, nicht berücksichtigt wurde. Besonders stark kann sie bei H_2/H_2O-Gemischen auftreten. Über diese durch Diffusion hervorgerufene Entmischung der Gasphase, die zu einer Anreicherung des schwereren Gases an der kalten Meßstelle und des leichteren Gases im heißen Reaktionsraum führt, ist in der Literatur bereits mehrfach geschrieben worden (siehe [22] sowie N. G. SCHMAHL und J. SCHEWE [105]; dort weitere Literaturstellen).

* Die mit dieser Anmerkung versehenen Z-Werte sind unmittelbar aus den Zahlen der Tab. 15 bis 20 errechnet worden. Die rechts daneben aufgeführten Werte sind durch Umrechnung gewonnen worden. Die in Klammern beigefügten Buchstaben geben an, für welches Temperaturgebiet die Integrationskonstante gilt.

spezifischen Wärme bei tiefen Temperaturen abgeleitete Entropiewert des Metalles beträgt nach K. K. KELLEY [48] bei 298° K 6,5 ± 0,1. Den auf die gleiche Weise erhaltenen Wert für FeO verbesserte KELLEY von 14,2 ± 2,0 [48] auf 13,4 [49]. J. KIELLAND [53] berechnet aus den Messungen von BRITZKE, KAPUSTINSKY und SCHASCHKINA $S_{298} = 12{,}6 \pm 0{,}5$, während C. SCHWARZ und TH. KOOTZ [107] aus verschiedenen Gleichgewichtsmessungen und Messungen des Wärmeinhaltes $S_{298} = 12{,}835$ ableiten. In guter Übereinstimmung mit der zuletzt genannten Zahl ergibt die eigene Rechnung bei Verwendung der für das Metall angegebenen Entropie 12,82 für die Entropie des Eisen(II)-Oxydes.

Die zur Weiterführung der Rechnung notwendige Schmelzwärme von FeO beträgt nach KELLEY [47] 7700 cal/Mol bei 1653° K. Dieser Wert ist unsicher, doch bestehen keine weiteren Angaben, die der von KELLEY vorzuziehen wären. Die von W. E. JOMINY und D. W. MURPHY [41] zu 29000 ± 5000 errechnete Schmelzwärme ist entschieden zu hoch. Die spezifische Wärme des geschmolzenen Oxyds schätzt KELLEY auf 16 [49]. Die entsprechenden Zahlen für das Eisen sind für die Schmelzwärme nach KELLEY [47] 3560 ± 300 in guter Übereinstimmung mit anderen Angaben (zit. in [71]), für die spezifische Wärme nach J. CHIPMAN und D. W. MURPHY 9,10 [15]. In der weiteren Rechnung werden wegen der Ungenauigkeit dieser Rechnungsunterlagen nur konstante, für eine mittlere Temperatur des jeweiligen Temperaturintervalles errechnete Werte von ΔC_p eingesetzt.

$$\mathrm{Fe}(\gamma) + \tfrac{1}{2}\,\mathrm{O_2} = \mathrm{FeO(l)},$$

$$\Delta I = -59020 + 3{,}0\,T, \quad \Delta G^0 = -59020 - 6{,}91\,T \lg T + 35{,}33\,T. \quad (104)\ (105)$$

$$\mathrm{Fe}(\delta) + \tfrac{1}{2}\,\mathrm{O_2} = \mathrm{FeO(l)},$$

$$\Delta I = -56760 + 1{,}5\,T, \quad \Delta G^0 = -56760 - 3{,}45\,T \lg T + 22{,}83\,T. \quad (106)\ (107)$$

$$\mathrm{Fe(l)} + \tfrac{1}{2}\,\mathrm{O_2} = \mathrm{FeO(l)},$$

$$\Delta I = -62120 + 2{,}5\,T, \quad \Delta G^0 = -62120 - 5{,}76\,T \lg T + 33{,}28\,T. \quad (108)\ (109)$$

Die letzte Gleichung führt bei 1600° C zu $\Delta G^0 = -35050$, während FONTANA und J. CHIPMAN [27] für diese Temperatur —33620 gegenüber —34020 in einer früheren Veröffentlichung von CHIPMAN [14] angeben. In diesen Arbeiten fehlen jedoch nähere Ausführungen über den Gang der Rechnung, so daß ein weiterer Vergleich nicht möglich ist. Diese Differenz von 1430 cal würde bedeuten, daß der nach FONTANA und CHIPMAN errechnete Sauerstoffdruck des Eisen(II)-Oxydes um den Faktor 1,5 größer ist als der aus dem eigenen Wert von ΔG^0 errechnete Druck.

Eisen(II, III)-Oxyd.

Die bei der Reduktion von Fe_3O_4 mit Wasserstoff und Kohlenoxyd sich einstellenden Gleichgewichte sind ebenfalls Gegenstand mehrerer Untersuchungen gewesen. Zur rechnerischen Auswertung werden die Arbeiten von E. D. EASTMAN und R. M. EVANS [19], R. SCHENCK und

Th. Dingmann [102], R. R. Garran [29], A. Matsubara [79] sowie von P. H. Emmett und I. F. Shultz [22] herangezogen. Die zur Auswertung notwendigen Daten sind bis auf die spezifische Wärme von Fe_3O_4 bereits angegeben worden. J. Chipman und D. W. Murphy [15] haben für die magnetische und unmagnetische Form folgende Gleichungen abgeleitet:

$$Fe_3O_4(\alpha): C_p = 19{,}4 + 50{,}6 \cdot 10^{-3}\, T \; (5\%),$$

$$Fe_3O_4(\beta): C_p = 35{,}0 + 20{,}0 \cdot 10^{-3}\, T \; (6\% \text{ bis } 1000^0\,\text{C}).$$

Der Curie-Punkt liegt bei 590⁰ C.

Zunächst folgt die Rechnung zu der unterhalb der Zerfallstemperatur von FeO von Emmett und Shultz durchgeführten Untersuchung, bei der Fe_3O_4 mit Fe im Gleichgewicht steht. Es kann mit dem von W. A. Roth und F. Wienert [95] zu -266760 ± 220 angegebenen Wert der Reaktionswärme keine vollständige Übereinstimmung erzielt werden. Bei der späteren Auswertung der über der Zerfallstemperatur von Wüstit durchgeführten Gleichgewichtsmessungen wird als Wärmetönung für die Reaktion $3\,Fe(\alpha) + 2\,O_2 = Fe_3O_4(\alpha)$ $\Delta I_{298} = -266950$ erhalten. Dieser Wert liegt an der oberen Grenze des von Roth und Wienert angegebenen Bereiches. Er wird auch bei der in Tab. 22 wiedergegebenen Auswertung der von Emmett und Shultz unterhalb 570⁰ C durchgeführten Messungen benutzt.

Tabelle 22. $Fe_3O_4(\alpha) + 4\,H_2 = 3\,Fe(\alpha) + 4\,H_2O$.

T	$\frac{H_2O}{H_2}$	K_p	$\frac{\Delta G^0}{T}$	$-12{,}69 \cdot \lg T$	$-11{,}79 \cdot 10^{-3} T$	Σ	$\frac{38380}{T}$	Z
Messungen von P. H. Emmett und I. F. Shultz [22].								
673	0,107	$1{,}31 \cdot 10^{-4}$	17,77	−35,89	−7,94	−26,06	57,03	−83,09
773	0,214	$2{,}10 \cdot 10^{-3}$	12,25	−36,65	−9,12	−33,52	49,65	−83,17
823	0,283	$6{,}41 \cdot 10^{-3}$	10,04	−37,00	−9,70	−36,66	46,63	−83,29
						Mittelwert		−83,18

$$3\,Fe(\alpha) + 2\,O_2 = Fe_3O_4(\alpha),$$

$$\Delta I = -264220 - 9{,}53\,T + 15{,}47 \cdot 10^{-3}\,T^2 - 3{,}76 \cdot 10^5\,T^{-1}, \quad (110)$$

$$\Delta G^0 = -264220 + 21{,}95\,T \lg T - 15{,}47 \cdot 10^{-3}\,T^2 - 1{,}88 \cdot 10^5\,T^{-1} + 24{,}62\,T, \quad (111)$$

$$\Delta I_{298} = -266950, \quad \Delta G^0_{298} = -242700, \quad \Delta S_{298} = -81{,}38.$$

Aus der für die Magnetitbildung errechneten Entropieänderung ergibt sich die Entropie von Fe_3O_4 zu 36,16 bei 298⁰ K. Kelley [48] gibt hierfür, aus Tieftemperaturmessungen der spezifischen Wärme abgeleitet, 350 ±0,7 an.

In den beiden Tab. 23 und 24 (siehe S. 48 u. 49) ist die Rechnung zu den Messungen wiedergegeben, bei denen Fe_3O_4 mit an Sauerstoff gesättigtem Wüstit (FeO, ges.) im Gleichgewicht steht.

Tabelle 23. $Fe_3O_4(\beta) + CO = 3\,FeO\,(ges.) + CO_2$.

T	K_p	$\frac{\Delta G^0}{T}$	$+6,77 \lg T$	$-3,23\ 10^{-3}\ T$	$-1,08 \cdot 10^5\ T^{-2}$	Σ	$\frac{3300}{T}$	Z
			Messungen von E. D. Eastman und R. M. Evans [19].					
973	1,18	—0,33	20,23	—3,14	—0,11	16,65	3,39	13,26
1023	1,29	—0,51	20,38	—3,30	—0,10	16,47	3,23	13,24
1073	1,37	—0,63	20,52	—3,46	—0,09	16,34	3,08	13,26
1123	1,46	—0,75	20,65	—3,62	—0,09	16,19	2,94	13,25
1173	1,54	—0,86	20,78	—3,79	—0,08	16,05	2,81	13,24
1223	1,58	—0,91	20,90	—3,95	—0,07	15,97	2,70	13,27
1273	1,62	—0,96	21,02	—4,11	—0,07	15,88	2,59	13,29
						Mittelwert		13,26
			Messungen von R. Schenck und Th. Dingmann [102].					
813	1,08	—0,15	19,70	—2,62	—0,16	16,77	4,06	12,71
863	1,10	—0,19	19,88	—2,79	—0,15	16,75	3,82	12,93
913	1,27	—0,48	20,04	—2,95	—0,13	16,48	3,61	12,87
973	1,38	—0,64	20,23	—3,14	—0,11	16,34	3,39	12,95
1013	1,45	—0,74	20,35	—3,27	—0,11	16,23	3,26	12,97
1063	1,50	—0,81	20,49	—3,43	—0,10	16,15	3,10	13,05
1113	1,59	—0,92	20,62	—3,59	—0,09	16,02	2,96	13,06
1173	1,60	—0,93	20,78	—3,79	—0,08	15,98	2,81	13,17
1273	1,94	—1,32	21,02	—4,11	—0,07	15,52	2,59	12,93
1373	2,12	—1,49	21,24	—4,43	—0,06	15,26	2,40	12,86
						Mittelwert		12,95
			Messungen von R. R. Garran [29].					
883	1,14	—0,26	19,91	—2,82	—0,14	16,69	3,74	12,95
923	1,21	—0,38	20,07	—2,98	—0,13	16,58	3,58	13,00
973	1,29	—0,51	20,23	—3,14	—0,11	16,47	3,39	13,08
1023	1,39	—0,65	20,38	—3,30	—0,10	16,33	3,23	13,10
1073	1,46	—0,75	20,52	—3,46	—0,09	16,22	3,08	13,14
1123	1,56	—0,88	20,65	—3,62	—0,09	16,06	2,94	13,12
1173	1,65	—0,99	20,78	—3,79	—0,08	15,92	2,81	13,11
1223	1,71	—1,07	20,90	—3,95	—0,07	15,81	2,70	13,11
1273	1,76	—1,12	21,02	—4,11	—0,07	15,72	2,59	13,13
1323	1,84	—1,21	21,13	—4,27	—0,06	15,59	2,49	13,10
1373	1,89	—1,26	21,24	—4,43	—0,06	15,49	2,40	13,09
1423	1,91	—1,28	21,35	—4,59	—0,05	15,43	2,32	13,11
1473	1,92	—1,29	21,45	—4,76	—0,05	15,35	2,24	13,11
1523	1,93	—1,31	21,55	—4,92	—0,05	15,27	2,17	13,10
						Mittelwert		13,09
			Messungen von A. Matsubara [79].					
900	1,08	—0,15	20,00	—2,91	—0,13	16,81	3,66	13,15
1136	1,50	—0,81	20,69	—3,67	—0,08	16,13	2,90	13,23
1236	1,65	—1,00	20,93	—3,99	—0,07	15,87	2,67	13,20
1343	1,76	—1,12	21,18	—4,34	—0,06	15,66	2,46	13,20
						Mittelwert		13,20

Bei der Ermittlung der Gleichgewichtskonstante wurde so vorgegangen, daß für jede Temperatur ein Mittelwert der Konzentration des FeO* in dem an Sauer-

* Wie bei der Auswertung der über Fe/FeO-Gemischen gemessenen Gleichgewichte wird die Konzentration des mit Eisen im Gleichgewicht stehenden Wüstits gleich 1 gesetzt. Auf diese Konzentration bezieht sich die Bezeichnung FeO(s).

stoff gesättigten Wüstit den von M. HANSEN [36] zusammengestellten Diagrammen entnommen und für die Konzentration des FeO eingesetzt wurde. Diese Gleichsetzung der Aktivität des FeO mit der molaren Konzentration bewirkt einen kleineren Fehler als die vollständige Vernachlässigung der Temperaturabhängigkeit der Sauerstofflöslichkeit. Die zum Teil sehr gute Konstanz der Z-Werte bestätigt die Zweckmäßigkeit dieser Annahme. Die bei den einzelnen Temperaturen fur FeO eingesetzten Konzentrationen sind folgende:

t^0 C	600	700	800	900	1000	1100	1200
N_{FeO}	0,96	0,89	0,83	0,78	0,73	0,69	0,65

Unberücksichtigt bleibt bei der Rechnung die Umwandlungswärme des Fe_3O_4 am Curie-Punkt, die nach KELLEY [45] sehr klein ist.

Tabelle 24. $Fe_3O_4(\beta) + H_2 = 3\,FeO(ges.) + H_2O$.

T	K_p	$\frac{\Delta G^0}{T}$	$-0{,}97 \cdot \lg T$	$-3{,}02 \cdot 10^{-3}\,T$	Σ	$\frac{14820}{T}$	Z
Messungen von P. H. EMMETT und I. F. SHULTZ [22].							
873	0,41	1,77	−2,85	−2,64	−3,72	16,98	−20,70
973	0,82	+0,39	−2,90	−2,94	−5,45	15,23	−20,68
1073	1,34	−0,58	−2,94	−3,24	−6,76	13,81	−20,57
						Mittelwert	−20,65
Messungen von E. D. EASTMAN und R. M. EVANS [19].							
951	0,95	+0,10	−2,89	−2,87	−5,66	15,58	−21,24
998	1,26	−0,46	−2,91	−3,01	−6,38	14,85	−21,23
1045	1,66	−1,01	−2,93	−3,16	−7,10	14,18	−21,28
1091	1,95	−1,33	−2,95	−3,29	−7,57	13,58	−21,15
1138	2,43	−1,76	−2,96	−3,44	−8,16	13,02	−21,18
1182	2,60	−1,90	−2,98	−3,57	−8,45	12,53	−20,98
1225	2,86	−2,09	−3,00	−3,70	−8,79	12,09	−20,88
1295	3,33	−2,39	−3,02	−3,91	−9,32	11,44	−20,76
						Mittelwert	−21,09

Die Rechnung ergibt für die Z-Werte der Reaktion $3\,FeO\,(ges.) + \frac{1}{2}\,O_2 = Fe_3O_4\,(\beta)$ in der in den Tab. 23 und 24 eingehaltenen Reihenfolge 5,99; 6,30; 6,16; 6,05; 6,01 und 6,45. Unter Vernachlässigung des letzten Wertes (siehe S. 44, Anm. 1) ergibt sich als Mittelwert 6,10. Die Gleichungen lauten nun:

$$3\,FeO\,(ges.) + \tfrac{1}{2}\,O_2 = Fe_3O_4(\beta),$$

$$\Delta I = -71280 - 3{,}34\,T + 3{,}94 \cdot 10^{-3}\,T^2 - 0{,}94 \cdot 10^5\,T^{-1}, \tag{112}$$

$$\Delta G^0 = -71280 + 7{,}69\,T \lg T - 3{,}94 \cdot 10^{-3}\,T^2 - 0{,}47 \cdot 10^5\,T^{-1} + 6{,}10\,T. \tag{113}$$

$$3\,FeO\,(ges.) + \tfrac{1}{2}\,O_2 = Fe_3O_4(\alpha),$$

$$\Delta I = -69220 - 18{,}94\,T + 19{,}24 \cdot 10^{-3}\,T^2 - 0{,}94 \cdot 10^5\,T^{-1}, \tag{114}$$

$$\Delta G^0 = -69220 + 43{,}62\,T \lg T - 19{,}24 \cdot 10^{-3}\,T^2 - 0{,}47 \cdot 10^5\,T^{-1} - 88{,}57\,T. \tag{115}$$

$$3\,Fe(\alpha) + 2\,O_2 = Fe_3O_4(\alpha),$$

$$\Delta I = -264220 - 9{,}53\,T + 15{,}47 \cdot 10^{-3}\,T^2 - 3{,}76 \cdot 10^5\,T^{-1}, \tag{116}$$

$$\Delta G^0 = -264220 + 21{,}95\,T \lg T - 15{,}47 \cdot 10^{-3}\,T^2 - 1{,}88 \cdot 10^5\,T^{-1} + 24{,}98\,T, \tag{117}$$

$$\Delta I_{298} = -266950, \qquad \Delta G^0_{298} = -242570, \qquad \Delta S_{298} = -81{,}81.$$

Die letzten, unter Verwendung von (98) und (99) aus (114) und (115) abgeleiteten Gleichungen (116) und (117) ergeben mit $\Delta S_{298} = -81{,}81$ für Fe_3O_4 eine Entropie von 35,73. Diese Zahl stimmt besser mit dem von Kelley aus Tieftemperaturmessungen der spezifischen Wärme abgeleiteten Wert überein als der nach Tab. 22 erhaltene Wert. Gl. (117) ist damit der Gl. (111) vorzuziehen.

Magnesiumoxyd.

Messungen von Reduktionsgleichgewichten mit Magnesiumoxyd sind bisher noch nicht in einer auswertbaren Form durchgeführt worden, so daß die Ableitung der Affinitätsgleichung ausschließlich mit Hilfe der kalorimetrisch bestimmten Bildungsenthalpie, der spezifischen Wärmen und der aus den Tieftemperaturmessungen der spezifischen Wärme errechneten Entropien durchgeführt werden muß. Die ausführlichste Zusammenstellung der einzelnen Daten gibt wieder K. K. Kelley, dessen Gleichungen für die spezifischen Wärmen übernommen werden [45].

$$\mathrm{Mg(s)} \quad : C_p = 6{,}20 + 1{,}33 \cdot 10^{-3}\, T - 0{,}68 \cdot 10^{5}\, T^{-2} \ (2\%),$$

$$\mathrm{Mg(l)} \quad : C_p = 7{,}4,$$

$$\mathrm{Mg(g)} \quad : C_p = 4{,}97,$$

$$\mathrm{MgO(s)} : C_p = 10{,}86 + 1{,}20 \cdot 10^{-3}\, T - 2{,}09 \cdot 10^{5}\, T^{-2} \ (2\% \text{ bis } 1800^0\,\mathrm{C}).$$

Für die Bildungsenthalpie des Oxyds wird der von F. R. Bichowsky und F. D. Rossini [7] zu -146100 angegebene Wert übernommen. Die Entropien betragen nach Kelley [44; 48] bei 25° C 7,8 ± 0,1 für das Metall und 6,4 ± 0,1 für das Oxyd. Daraus folgt $T\Delta S_{298} = -7720 \pm 60$ oder $\Delta G^0_{298} = -138380$. W. D. Treadwell und I. Hartnagel [116] hatten hierfür einen Wert von -138690 abgeleitet.

Für die Schmelzwärme des Metalls bei 923° K führt Kelley [47] 2 Werte an, 1160 cal/Mol aus direkten Messungen abgeleitet, 2160 aus binären Systemen bestimmt. Es wird im Gegensatz zu Kelley der erste Wert gewählt, der in der Größenordnung mit dem von W. D. Treadwell [115] aus Dampfdruckmessungen von Hartmann und Schneider [37] errechneten Wert von 1370 cal/Mol übereinstimmt. In der bereits zitierten älteren Arbeit von W. D. Treadwell und I. Hartnagel [116] wurde die Schmelzwärme zu 1130 cal/Mol angegeben.

Die Verdampfungswärme des Metalles wurde von K. K. Kelley [46] auf Grund einer kritischen Sichtung der vorhandenen Messungen zu 32520 cal/Mol bei einem Siedepunkt von 1380° K ermittelt. W. D. Treadwell und I. Hartnagel hatten in praktischer Übereinstimmung 32840 cal/Mol angegeben, während W. D. Treadwell wiederum aus den Dampfdruckmessungen von Hartmann und Schneider die Verdampfungsentropie zu 22,6 und damit für einen zu 1393° K angenommenen

Siedepunkt die Verdampfungswärme zu 31480 cal/Mol bestimmte. Der KELLEYsche Wert wird übernommen.

Die aus Erstarrungsdiagrammen bestimmte Schmelzwärme des Oxydes beträgt nach KELLEY [47] 18500 cal/Mol bei einem Schmelzpunkt von 2915° K. Dieser Wert dürfte noch recht ungenau sein.

Die Gleichungen lassen sich nun vollständig bis zur Überschreitung des Siedepunktes von Magnesium ableiten.

$$\mathrm{Mg(s)} + \tfrac{1}{2}\,\mathrm{O_2} = \mathrm{MgO(s)},$$

$$\Delta I = -146400 + 0{,}52\,T - 0{,}13\cdot 10^{-3}\,T^2 + 0{,}47\cdot 10^5\,T^{-1}, \quad (118)$$

$$\Delta G^0 = -146400 - 1{,}20\,T\lg T + 0{,}13\cdot 10^{-3}\,T^2 + 0{,}24\cdot 10^5\,T^{-1} + 29{,}56\,T, \quad (119)$$

$$\Delta I_{298} = -146100, \quad \Delta G^0_{298} = -138380, \quad \Delta S_{298} = -25{,}91.$$

$$\mathrm{Mg(l)} + \tfrac{1}{2}\,\mathrm{O_2} = \mathrm{MgO(s)},$$

$$\Delta I = -147090 - 0{,}68\,T + 0{,}54\cdot 10^{-3}\,T^2 + 1{,}15\cdot 10^5\,T^{-1}, \quad (120)$$

$$\Delta G^0 = -147090 + 1{,}57\,T\lg T - 0{,}54\cdot 10^{-3}\,T^2 + 0{,}58\cdot 10^5\,T^{-1} + 22{,}69\,T. \quad (121)$$

$$\mathrm{Mg(g)} + \tfrac{1}{2}\,\mathrm{O_2} = \mathrm{MgO(s)},$$

$$\Delta I = -182970 + 1{,}75\,T + 0{,}54\cdot 10^{-3}\,T^2 + 1{,}15\cdot 10^5\,T^{-1}, \quad (122)$$

$$\Delta G^0 = -182970 - 4{,}03\,T\lg T - 0{,}54\cdot 10^{-3}\,T^2 + 0{,}58\cdot 10^5\,T^{-1} + 66{,}27\,T. \quad (123)$$

Aus der letzten Gleichung ergibt sich für 1600° C eine freie Enthalpie von — 85430 cal/Mol. J. CHIPMAN [14] gibt für die gleiche Temperatur $\Delta G^0 = -87530$ in guter Übereinstimmung mit W. D. TREADWELL [115] an, aus dessen in Volt angegebener Gleichung für die Bildungsenergie

$$\mathrm{Mg(g)} + \tfrac{1}{2}\,\mathrm{O_2} = \mathrm{MgO} : E = 2{,}399 - 10{,}38\cdot 10^{-4}\,(T - 1393)$$

die in Kalorien ausgedrückte freie Bildungsenthalpie zu — 87700 errechnet werden kann. Von CHIPMAN werden Einzelheiten der Rechnung nicht angegeben, so daß eine Nachprüfung nicht möglich ist. Die Differenz gegenüber dem nach der Treadwellschen Gleichung errechneten Wert ist im wesentlichen auf die Verwendung unterschiedlicher Daten für die spezifischen Wärmen und insbesondere für den Dampfdruck des Magnesiums zurückzuführen. TREADWELL legte der Ableitung seiner Dampfdruckformel die Messungen von H. HARTMANN und R. SCHNEIDER [37] zugrunde, während bei der eigenen Rechnung die von K. K. KELLEY [46] angegebenen Zahlen verwandt wurden. Diesen wird die größere Sicherheit zukommen.

Mangan(II)-Oxyd.

Von den über Mangan und Mangan(II)-Oxyd verfügbaren thermodynamischen Daten sind insbesondere die spezifischen Wärmen noch sehr unzureichend, so daß exakte Rechnungen erst nach Vorliegen weiterer Messungen durchgeführt werden können. Für die spezifische Wärme des Oxydes z. B. gibt K. K. KELLEY [45] eine geschätzte Gleichung an, während diejenigen für das Metall zu 5% unsicher sind. Die vorhandenen Unterlagen sind folgende:

$\mathrm{Mn}(\alpha)$: $C_p = 3{,}76 + 7{,}47\cdot 10^{-3}\,T$ (5%),

$\mathrm{Mn}(\alpha) = \mathrm{Mn}(\beta)$: $\Delta I_{1015} = 110$ als Mittelwert aus Angaben von KELLEY [45] und S. UMINO [124],

$Mn(\beta)$: $C_p = 5{,}06 + 3{,}95 \cdot 10^{-3}\, T$ (5%),

$Mn(\beta) = Mn(\gamma)$: $\Delta I_{1348} = 120$, Temperatur nach G. GRUBE und O. WINKLER [35], Wärmetönung nach KELLEY [45],

$Mn(\gamma)$: $C_p = 4{,}80 + 4{,}22 \cdot 10^{-3}\, T$ (5%),

$MnO(s)$: $C_p = 9{,}58 + 2{,}30 \cdot 10^{-3}\, T$.

Die Umwandlung $\beta \rightleftarrows \gamma$ erfolgt nach M. L. GAYLER (zit. in [4]) bei 1024° C, während G. GRUBE und Mitarbeiter [35] dafür an reinstem Mangan 1075° C finden. Nach diesen Untersuchungen schließt sich an die γ-Phase noch eine weitere Modifikation des Mangans an, für die jedoch eine Angabe der spezifischen Wärme fehlt. Diese δ-Phase ist zwischen 1162° C und dem Schmelzpunkt beständig.

Die Bildungsenthalpie hat H. SIEMONSON neu bestimmt [109]. Der für 25° C zu -93100 ± 300 ermittelte Wert weicht von den früheren Bestimmungen stark ab. Der bisher sicherste Wert betrug nach W. A. ROTH und D. MÜLLER [96] -96500 ± 700. S. AOYAMA und Y. OKA [3] leiten aus Gleichgewichtsmessungen -96680 ab. Die mit diesen Messungen durchgeführte eigene Rechnung führt praktisch zum gleichen Wert, wenn man über alle 5 Messungen mittelt. Die dabei erhaltenen Z-Werte schwanken jedoch um 0,8 Einheiten. Verwendet man den von H. SIEMONSON bestimmten Wert, so werden zwei in sich übereinstimmende Wertegruppen erhalten (Tab. 25), von denen die eine in das Gebiet des β-Mangans, die andere in das des γ-Mangans fällt[1]. Eine Übereinstimmung der bekannten, aus Tieftemperaturmessungen der spezifischen Wärmen abgeleiteten Entropiewerte (nach KELLEY für Mn: $S_{298} = 7{,}61 \pm 0{,}06$ [52], für MnO: $S_{298} = 14{,}4 \pm 0{,}6$ [48]), mit dem aus der Rechnung für ΔS_{298} abgeleiteten Wert kann ebenfalls nur mit der niedrigen Bildungsenthalpie von H. SIEMONSON erhalten werden. Die Umrechnung dieses Wertes auf die Reaktionstemperatur ergibt folgende Gleichungen:

$$Mn(\alpha) + \tfrac{1}{2} O_2 = MnO(s),$$

$$\Delta I = -93050 + 1{,}68\, T - 2{,}65 \cdot 10^{-3}\, T^2 - 0{,}94 \cdot 10^5\, T^{-1}.$$

$$Mn(\beta) + \tfrac{1}{2} O_2 = MnO(s),$$

$$\Delta I = -93660 + 0{,}38\, T - 0{,}89 \cdot 10^{-3}\, T^2 - 0{,}94 \cdot 10^5\, T^{-1},$$

$$\Delta G^0 = -93660 - 0{,}88\, T \lg T + 0{,}89 \cdot 10^{-3}\, T^2 - 0{,}47 \cdot 10^5\, T^{-1} + Z\,T.$$

$$Mn(\gamma) + \tfrac{1}{2} O_2 = MnO(s),$$

$$\Delta I = -93870 + 0{,}64\, T - 1{,}03 \cdot 10^{-3}\, T^2 - 0{,}94 \cdot 10^5\, T^{-1},$$

$$\Delta G^0 = -93870 - 1{,}47\, T \lg T + 1{,}03 \cdot 10^{-3}\, T^2 - 0{,}47 \cdot 10^5\, T^{-1} + Z\,T.$$

Die rechnerische Auswertung der von S. AOYAMA und Y. OKA gemessenen Gleichgewichte ist aus den Tab. 25 und 26 zu ersehen. Die Gleichungen für die Σ-Funktion werden wieder durch Kombination der oben für ΔG^0 abgeleiteten Gleichungen mit (43) erhalten.

---

[1] Siehe Anm. 1, S. 53.

Tabelle 25. $MnO(s) + H_2 = Mn(\beta) + H_2O$.

T	$\lg K_p$	$\frac{\Delta G^0}{T}$	$-9{,}54 \cdot \lg T$	$+1{,}81 \cdot 10^{-3}\,T$	Σ	$\frac{37200}{T}$	Z
1047	−6,06	27,74	−28,84	1,90	+ 0,80	35,53	−34,73
1159	−5,34	24,41	−29,26	2,10	− 2,75	32,09	−34,84
1274	−4,74	21,70	−29,65	2,31	− 5,64	29,20	−34,84
(1342	−4,23	19,36	−29,86	2,43	− 8,07	27,71	−35,78)[1]
(1462	−3,75	17,13	−30,23	2,65	−10,45	25,44	−35,89)
						Mittelwert	−34,80

Tabelle 26. $MnO(s) + H_2 = Mn(\gamma) + H_2O$.

T	$\lg K_p$	$\frac{\Delta G^0}{T}$	$-10{,}13 \lg T$	$+1{,}95 \cdot 10^{-3}\,T$	Σ	$\frac{37410}{T}$	Z
1342	−4,23	19,36	−31,68	2,62	− 9,70	27,87	−37,57
1462	−3,75	17,13	−32,06	2,85	−12,08	25,58	−37,66
						Mittelwert	−37,62

Für die Reaktion $Mn(\beta) + \frac{1}{2}\,O_2 = MnO(s)$ folgt aus Tab. 25 $Z = 20{,}16$, für $Mn(\gamma) + \frac{1}{2}\,O_2 = MnO(s)$ aus Tab. 26 $Z = 22{,}98$. Dieser Wert gibt auf das Gebiet des β-Mangans umgerechnet $Z = 21{,}17$*. Die folgenden Gleichungen sind unter Verwendung des Mittelwertes $Z = 20{,}66$ aufgestellt worden.

$$Mn(\alpha) + \tfrac{1}{2}\,O_2 = MnO(s),$$

$$\Delta I = -93050 + 1{,}68\,T - 2{,}65 \cdot 10^{-3}\,T^2 - 0{,}94 \cdot 10^5\,T^{-1}, \tag{124}$$

$$\Delta G^0 = -93050 - 3{,}87\,T \lg T + 2{,}65 \cdot 10^{-3}\,T^2 - 0{,}47 \cdot 10^5\,T^{-1} + 27{,}27\,T, \tag{125}$$

$$\Delta I_{298} = -93100, \quad \Delta G^0_{298} = -87700, \quad \Delta S_{298} = -18{,}12.$$

$$Mn(\beta) + \tfrac{1}{2}\,O_2 = MnO(s),$$

$$\Delta I = -93660 + 0{,}38\,T - 0{,}89 \cdot 10^{-3}\,T^2 - 0{,}94 \cdot 10^5\,T^{-1}, \tag{126}$$

$$\Delta G^0 = -93660 - 0{,}88\,T \lg T + 0{,}89 \cdot 10^{-3}\,T^2 - 0{,}47 \cdot 10^5\,T^{-1} + 20{,}66\,T. \tag{127}$$

$$Mn(\gamma) + \tfrac{1}{2}\,O_2 = MnO(s),$$

$$\Delta I = -93870 + 0{,}64\,T - 1{,}03 \cdot 10^{-3}\,T^2 - 0{,}94 \cdot 10^5\,T^{-1}, \tag{128}$$

$$\Delta G^0 = -93870 - 1{,}47\,T \lg T + 1{,}03 \cdot 10^{-3}\,T^2 - 0{,}47 \cdot 10^5\,T^{-1} + 22{,}47\,T. \tag{129}$$

---

[1] Da die Messung bei 1342° K dicht unterhalb des bei 1348° liegenden Umwandlungspunktes durchgeführt wurde, könnte angenommen werden, daß bei den Messungen von S. Aoyama und Y. Oka ein etwas verunreinigtes Mangan vorgelegen hat, dessen Umwandlungspunkt tiefer lag als der von reinem Mangan. Diese Einordnung der Messungen in das Temperaturbereich des β- bzw. γ-Mangans wäre eine mögliche Erklärung für das Auftreten von 2 Gruppen von Z-Werten. Die aus Tab. 25 zu entnehmende Differenz von 1,04 kann allerdings mit der in Tab. 26 durchgeführten Rechnung nur auf 1,01, d. h. praktisch nicht verringert werden, so daß der Sprung in den Z-Werten eine andere Ursache haben muß. Über deren Natur können keine Aussagen gemacht werden. Gute Übereinstimmung würde erzielt, wenn die Temperatur der im γ-Gebiet durchgeführten Messungen um etwa 50 bis 60° höher liegen würde.

* Siehe Anm. 1 diese Seite.

Aus den von KELLEY angegebenen Entropiewerten findet man $\Delta S_{298} = -17{,}72$ mit einer Toleranz von $\pm 0{,}67$. Der rechnerisch ermittelte Wert liegt mit einer Abweichung von 0,4 noch innerhalb dieses erheblichen Toleranzbereiches. Die Entropie von MnO kann auf etwa $14{,}1 \pm 0{,}3$ korrigiert werden. Genauere Aussagen sind jedoch erst auf Grund weiterer Messungen möglich.

Bei der Weiterführung der Rechnung bleibt das δ-Mangan unberücksichtigt, da Zahlenunterlagen fehlen. Der damit begangene Fehler ist bei dem geringen Beständigkeitsbereich dieser Modifikation von 80° nur verhältnismäßig klein.

Für geschmolzenes Mn gibt KELLEY [45; 47] folgende Werte an:

$$\mathrm{Mn}(\gamma) = \mathrm{Mn(l)} : \Delta I_{1517} = 3450,$$
$$\mathrm{Mn(l)} : C_p = 11{,}0 \ (10\%).$$

Wegen der Unsicherheit der spezifischen Wärmen wird in den folgenden Gleichungen mit einem konstanten Wert für ΔC_p gerechnet.

$$\mathrm{Mn(l)} + \tfrac{1}{2}\,\mathrm{O_2} = \mathrm{MnO(s)},$$
$$\Delta I = -94230 - 3{,}0\,T, \qquad (130)$$
$$\Delta G^0 = -94230 + 6{,}91\,T \lg T - 2{,}42\,T. \qquad (131)$$

J. CHIPMAN [14] führt die Rechnung bis zum geschmolzenen Oxyd durch und gibt für die Reaktion $\mathrm{Mn(l)} + \tfrac{1}{2}\,\mathrm{O_2} = \mathrm{MnO(l)}$ mit ziemlicher Unsicherheit ΔG^0_{1873} zu -54200 an. Nach Gl. (131) erhält man $\Delta G^0_{1873} = -56400$. Die Übereinstimmung wird etwas besser, wenn auch die eigene Rechnung durch Einsetzen einer Schmelzwärme für das Oxyd weitergeführt wird. Mit dem geschätzten Wert $\Delta I_{2058} = 10000$ findet man $\Delta G_{1873} = -55500$. Ein Vergleich der eigenen Rechnung mit der von J. CHIPMAN ist nicht möglich, da bei CHIPMAN nahere Angaben über die eingesetzten Daten fehlen.

Natriumoxyd.

Die über Natrium und Natriumoxyd verfügbaren Daten sind so unvollständig, daß es nicht möglich ist, Gleichgewichtsmessungen exakt auszuwerten. K. K. KELLEY [45] leitet aus den am festen Metall durchgeführten Messungen der spezifischen Wärme die Gleichung

$$\mathrm{Na(s)}: C_p = 5{,}01 + 5{,}36 \cdot 10^{-3}\,T \ (2\%)$$

ab. Die spezifische Wärme des geschmolzenen Natriums wird zu 7,50 angegeben. Eine Fehlerabschätzung ist nicht möglich. Die Schmelzwärme beträgt nach KELLEY [47] bei 98° C 630 cal/Mol. Die Daten des Oxydes sind bisher noch nicht ermittelt worden. W. A. ROTH und H.-L. KAULE [94] setzen die spezifische Wärme gleich derjenigen des Cu_2O (16,2 cal/Mol° C). Benutzt man die von KELLEY für die Berechnung von Entropiewerten angegebene Formel[1], um aus der durch die

[1] Siehe Anm. 1, S. 29. Bei der Rechnung wird angenommen, daß die Konstante s_0 für Oxyde nach der Formel Me_2O den Wert $-3{,}1$ besitzt. Diese Annahme wurde bei der Rechnung zum Kupfer(I)-Oxyd bestätigt.

eigene Rechnung gewonnenen Entropie des Oxydes die in die Formel einzusetzende spezifische Wärme für Raumtemperatur zu errechnen, so erhält man mit 14,5 einen wesentlich niedrigeren Wert. Da bei der in Tab. 27 wiedergegebenen Auswertung von Gleichgewichtsmessungen die Abweichungen in den Z-Werten durch die verschiedenen für ΔC_p abgeleiteten Zahlen nicht verringert werden, bleiben die spezifischen Wärmen unberücksichtigt.

Tabelle 27. $2\,Na(l) + \frac{1}{2}O_2 = Na_2O(s)$.

T	E_{Volt}	ΔG^0	$\frac{\Delta G^0}{T}$	$\frac{-104180}{T}$	Z
583	1,74	−80300	−137,74	−178,70	40,96
600	1,72	−79370	−132,29	−173,63	41,34
623	1,70	−78450	−125,93	−167,22	41,29
673	1,67	−77030	−114,52	−154,80	40,28
723	1,64	−75680	−104,67	−144,10	39,43
758	1,64	−75680	− 99,84	−137,44	37,60
770	1,62	−74760	− 97,09	−135,30	38,21
800	1,58	−72910	− 91,14	−130,23	39,09
823	1,55	−71530	− 86,91	−126,59	39,68
873	1,51	−69680	− 79,82	−119,34	39,52
875	1,52	−70140	− 80,16	−119,06	38,90
923	1,49	−68760	− 74,50	−112,87	38,37
				Mittelwert	39,56

Die Bildungsenthalpie wurde von W. A. Roth und H.-L. Kaule [94] zu -102920 ± 320 angegeben. Für die rechnerische Auswertung geeignete Gleichgewichtsmessungen wurden von O. Barta [5] durchgeführt. Es wurde die EMK von Ketten $Na(l)/Na_2O(s)/O_2$ bei verschiedenen Temperaturen gemessen. Auf Grund der in Tab. 27 wiedergegebenen rechnerischen Auswertung werden folgende Gleichungen erhalten:

$$2\,Na(s) + \tfrac{1}{2}O_2 = Na_2O(s),$$

$$\Delta I = -102920, \qquad \Delta G^0 = -102920 + 36{,}15\,T, \qquad (132)\ (133)$$

$$\Delta I_{298} = -102920, \qquad \Delta G^0_{298} = -92150, \qquad \Delta S_{298} = -36{,}15.$$

$$2\,Na(l) + \tfrac{1}{2}O_2 = Na_2O(s),$$

$$\Delta I = -104180, \qquad \Delta G^0 = -104180 + 39{,}56\,T. \qquad (134)\ (135)$$

Die Standardentropie des Metalles gibt K. K. Kelley [48] zu $12{,}2 \pm 0{,}1$ an. Aus dem Wert für ΔS ermittelt man damit für das Oxyd $S_{298} = 12{,}8$. Aus der Größe der Entropien der Verbindungen der Alkalien und der Schwermetalle kann man durch einen Analogieschluß folgern, daß die Entropie von Na_2O kleiner ist als z. B. die für Ag_2O (29,77) und Cu_2O (24,1) angegebenen Werte. Die eben abgeleitete Zahl liegt jedoch unerwartet niedrig. Eine weitere Überprüfung ist erst nach Vorliegen weiterer Daten, insbesondere von Messungen der spezifischen Wärmen, möglich.

Nickeloxyd.

Für die spezifische Wärme des Nickels werden aus den von R. FRICKE und G. WEITBRECHT [28] zitierten Messungen sowie aus den im LANDOLT-BÖRNSTEIN [71] angegebenen Daten eigene Gleichungen abgeleitet. Für das Oxyd wird aus [28] die nach Messungen von A. F. KAPUSTINSKY und K. A. NOWOSSELZEW aufgestellte Gleichung übernommen.

$$\mathrm{Ni}(\alpha): C_p = 3{,}22 + 8{,}1 \cdot 10^{-3}\, T + 0{,}75 \cdot 10^{5}\, T^{-2} \quad (5\%, \text{ bis } 330^0\,\mathrm{C}),$$

$$\mathrm{Ni}(\beta): C_p = 7{,}08 + 1{,}34 \cdot 10^{-3}\, T - 3{,}0 \cdot 10^{5}\, T^{-2} \quad (3\%, \ 357 \text{ bis } 1200^0\,\mathrm{C}),$$

$$\mathrm{NiO}\ : C_p = 14{,}1 + 0{,}31 \cdot 10^{-3}\, T - 0{,}46 \cdot 10^{5}\, T^{-2} \quad (25 \text{ bis } 1123^0\,\mathrm{C}).$$

Die für die Bildungsenthalpie des Oxyds angegebenen Werte schwanken sehr stark. Nach W. A. ROTH (zit. in [71]) ist der wahrscheinlichste Wert -58400 ± 500. Die aus Gleichgewichtsmessungen abgeleiteten Zahlen liegen bis zu 3000 cal niedriger. R. N. PEASE und R. S. COOK [84] leiten aus ihren Messungen -55920 ab (ohne Berücksichtigung der spezifischen Wärmen -54150), A. SKAPSKI und J. DABROWSKI [111] -55480. Der von M. WATANABE [126] zu -56720 ermittelte Wert liegt der Rothschen Zahl bereits wesentlich näher. Die eigene Auswertung dieser Gleichgewichtsmessungen gibt durch die Verwendung der gegenüber den früheren Rechnungen verbesserten Gleichungen der spezifischen Wärmen eine gute Übereinstimmung mit der Rothschen Zahl bei den mit CO–CO_2-Gemischen durchgeführten Gleichgewichtsmessungen (Tab. 29). Die Untersuchungen mit H_2–H_2O-Gemischen würden um ca. 2000 cal niedriger liegende Werte ergeben (Tab. 30). Annähernde Konstanz der Z-Werte wird wieder bei der Auswertung der von A. KAPUSTINSKY und L. SCHAMOWSKI [43] direkt über Nickeloxyd gemessenen Sauerstoffdrucke erzielt (Tab. 28). Die Rechnung wird unter Ausnutzung der von W. A. ROTH für den wahrscheinlichsten Wert angegebenen Unsicherheit mit $\Delta I_{298} = -57900$ durchgeführt.

Die Wärmetönung der Umwandlung des Metalles bei 357^0 C beträgt als Mittelwert aus den im LANDOLT-BÖRNSTEIN [71] aufgeführten Zahlen von S. UMINO sowie F. WÜST, A. MEUTHEN und R. DURRER 85 cal. Dieser Wert wird in der folgenden Rechnung auf 100 cal korrigiert, da mit den für Nickel abgeleiteten Gleichungen der spezifischen Wärme die Wärmekapazität zwischen 330 und 360^0 C um ca. 15 cal zu niedrig angegeben wird.

Für die Reaktion $\mathrm{Ni}(\beta) + \frac{1}{2}\, O_2 = \mathrm{NiO}(s)$ ergeben die einzelnen Meßreihen in der in den Tabellen eingehaltenen Reihenfolge sehr unterschiedliche Z-Werte, nämlich: 47,96; 42,40; 41,72; 41,75; 36,25 und 42,05. Der erste Wert ist unmöglich, da bei der Umrechnung auf Raumtemperatur mit ihm Gleichungen erhalten werden, deren Auswertung für das Oxyd eine Entropie von etwa 2 ergibt. Das Mittel aus den

Tabelle 28. $Ni(\beta) + \frac{1}{2} O_2 = NiO(s)$.

T	P_{O_2}	$\lg K_p$	$\frac{\Delta G^0}{T}$	$+6{,}64 \cdot \lg T$	$-0{,}58 \cdot 10^{-3}\, T$	$+1{,}74 \cdot 10^5\, T^{-2}$	Σ	$\frac{-58060}{T}$	Z
Messungen von A. Kapustinsky und L. Schamowski [43].									
1420	$2{,}24 \cdot 10^{-6}$	2,825	−12,92	20,93	−0,82	0,09	7,28	40,89	48,17
1450	$3{,}41 \cdot 10^{-6}$	2,733	−12,51	21,00	−0,84	0,08	7,73	40,04	47,77
1510	$1{,}68 \cdot 10^{-5}$	2,387	−10,91	21,11	−0,88	0,08	9,40	38,45	47,85
1530	$3{,}21 \cdot 10^{-5}$	2,247	−10,27	21,14	−0,89	0,07	10,06	37,95	48,01
1610	$1{,}97 \cdot 10^{-4}$	1,852	− 8,48	21,29	−0,93	0,07	11,95	36,06	48,01
								Mittelwert	47,96

Tabelle 29. $NiO(s) + CO = Ni(\beta) + CO_2$.

T	K_p	$\frac{\Delta G^0}{T}$	$-7{,}56 \cdot \lg T$	$+1{,}29 \cdot 10^{-3}\, T$	$-2{,}42 \cdot 10^5\, T^{-2}$	Σ	$\frac{-10\,000}{T}$	Z
Messungen von M. Watanabe [126].								
936	453,5	−12,15	−22,46	1,21	−0,28	−33,68	−10,69	−22,99
989	332,3	−11,54	−22,63	1,28	−0,25	−33,14	−10,11	−23,03
1027	255,4	−11,01	−22,77	1,32	−0,23	−32,69	− 9,65	−23,04
1066	207,8	−10,59	−22,88	1,37	−0,21	−32,31	− 9,30	−23,01
1125	157,7	−10,05	−23,06	1,45	−0,19	−31,85	− 8,81	−23,04
							Mittelwert	−23,02
Messungen von R. Fricke und G. Weitbrecht [28].								
1044	166,8	−10,16	−22,81	1,35	−0,22	−31,84	−9,58	−22,26
1062	153,3	− 9,99	−22,87	1,37	−0,21	−31,70	−9,42	−22,28
1158	99,3	− 9,13	−23,17	1,49	−0,18	−30,99	−8,64	−22,35
1289	62,5	− 8,21	−23,51	1,66	−0,15	−30,21	−7,76	−22,45
							Mittelwert	−22,34
Messungen von R. Schenck und H. Wesselkock [104].								
1173	94,2	−9,03	−23,20	1,51	−0,18	−30,90	−8,53	−22,37

Tabelle 30. $NiO(s) + H_2 = Ni(\beta) + H_2O$.

T	K_p	$\frac{\Delta G^0}{T}$	$-15{,}30 \cdot \lg T$	$+1{,}50 \cdot 10^{-3}\, T$	$-1{,}27 \cdot 10^5\, T^{-2}$	Σ	$\frac{1620}{T}$	Z
Messungen von A. Skapski und J. Dabrowski [111].								
723	21,6	−6,10	−43,74	1,08	−0,24	−49,00	2,24	−51,24
773	17,3	−5,66	−44,19	1,16	−0,21	−48,90	2,10	−51,00
873	13,4	−5,16	−45,00	1,31	−0,17	−49,02	1,86	−50,88
923	11,7	−4,88	−45,37	1,38	−0,15	−49,02	1,76	−50,78
973	9,8	−4,53	−45,72	1,46	−0,13	−48,92	1,66	−50,58
							Mittelwert	−50,90
Messungen von R. N. Pease und R. S. Cook [84].								
758	330	−11,52	−44,06	1,14	−0,22	−54,66	2,14	−56,80
873	240	−10,89	−45,00	1,31	−0,17	−54,75	1,86	−56,61
							Mittelwert	−56,70

bleibenden Werten beträgt 40,83, womit nun folgende Gleichungen erhalten werden:

$$Ni(\alpha) + \tfrac{1}{2} O_2 = NiO(s),$$

$$\Delta I = -59650 + 6{,}74\, T - 3{,}96 \cdot 10^{-3}\, T^2 + 0{,}27 \cdot 10^5\, T^{-1}, \quad (136)$$

$$\Delta G^0 = -59650 - 15{,}53\, T \lg T + 3{,}96 \cdot 10^{-3}\, T^2 + 0{,}14 \cdot 10^5\, T^{-1} + 65{,}65\, T, \quad (137)$$

$$\Delta I_{298} = -57900, \qquad \Delta G^0_{298} = -51140, \qquad \Delta S_{298} = -22{,}68.$$

$$Ni(\beta) + \tfrac{1}{2} O_2 = NiO(s),$$

$$\Delta I = -58060 + 2{,}88\, T - 0{,}58 \cdot 10^{-3}\, T^2 - 3{,}48 \cdot 10^5\, T^{-1}, \quad (138)$$

$$\Delta G^0 = -58060 - 6{,}64\, T \lg T + 0{,}58 \cdot 10^{-3}\, T^2 - 1{,}74 \cdot 10^5\, T^{-1} + 40{,}83\, T. \quad (139)$$

Da für die Entropie des Nickeloxyds ein aus Messungen der spezifischen Wärmen abgeleiteter Wert fehlt, ist eine Überprüfung der für Raumtemperatur errechneten Zahlen nicht möglich. Mit Hilfe der von K. K. KELLEY [48] für Nickel angegebenen Entropie von 7,1 $\pm$0,1 ergibt sich aus der errechneten Entropiedifferenz die Entropie des Oxyds zu $S_{298} = 8{,}93$. Dieser Wert liegt sehr niedrig. Nach den für die anderen Metalloxyde, insbesondere Eisen(II)-Oxyd und Kobaltoxyd, ermittelten Entropien war ein Wert von etwa 12 zu erwarten. Die Formel von K. K. KELLEY zur Berechnung von Entropien der Metalloxyde[1] ergibt 15,70. Da mit dieser Formel sonst gute Übereinstimmung mit den durch Auswertung von Gleichgewichtsmessungen gewonnenen Zahlen erzielt werden kann, wird die Unsicherheit des durch die eigene Rechnung ermittelten Wertes noch größer. Lediglich aus den Messungen von A. SKAPSKI und J. DABROWSKI kann mit $S_{298} = 13{,}51$ ein Entropiewert für NiO abgeleitet werden, der als wahrscheinlich anzusehen ist. Gegen diesen Wert sprechen jedoch die gut übereinstimmenden 4 anderen Versuchsreihen. Um eine Klärung zu bringen, müßten insbesondere Tieftemperaturmessungen der spezifischen Wärme des Nickeloxyds durchgeführt werden. Es werden die bereits abgeleiteten Gleichungen beibehalten.

Die bei der Weiterführung der Rechnung zu hohen Temperaturen notwendige Schmelzwärme des Nickels beträgt nach K. K. KELLEY [47] in praktischer Übereinstimmung mit W. P. WHITE (zit. in [71]) 4200 cal/Mol bei 1725° K. Die spezifische Wärme des geschmolzenen Nickels gibt KELLEY [45] zu 8,55 mit einer Unsicherheit von $\pm$10% an. Für die Rechnung wird $\Delta C_p = 2{,}0$ gesetzt.

$$Ni(l) + \tfrac{1}{2} O_2 = NiO(s),$$

$$\Delta I = -63170 + 2{,}0\, T, \quad (140)$$

$$\Delta G^0 = -63170 - 4{,}61\, T \lg T + 38{,}38\, T. \quad (141)$$

[1] Siehe Anm. 1, S. 29.

Bleioxyd.

Die beiden Modifikationen des Bleioxydes werden in der Literatur nicht immer auseinandergehalten, so daß eine eindeutige Zuordnung der angegebenen Zahlen erschwert wird. Der Energieunterschied ist jedoch nur gering, so daß ein etwa begangener Fehler in engen Grenzen bleibt. Die eigene Rechnung wird für die rote, bei Raumtemperatur stabile Form durchgeführt. Die für die Bildungsenthalpie dieses Oxyds angegebenen Zahlen sind: C. G. MAIER [75] -52020 cal/Mol, K. K. KELLEY [49] -51990, H. M. SPENCER und J. H. MOTE (zit. in [71]) -52400 und F. ISHIKAWA und E. SHIBATA [40] -51250. H. ULICH, C. SCHWARZ und K. CRUSE [123] übernehmen den Wert von H. M. SPENCER und J. H. MOTE und schätzen seine Unsicherheit auf ± 500 cal. Für die freie Bildungsenthalpie gibt C. G. MAIER in der bereits erwähnten Abhandlung über die Verbindungen des Bleis -45100 an in Übereinstimmung mit H. M. SPENCER und J. H. MOTE, während F. ISHIKAWA und E. SHIBATA aus EMK-Messungen -44910 ableiten. Nach [39] beträgt die EMK der Reaktion

$$\mathrm{Pb(s)} + \mathrm{H_2O(l)} = \mathrm{H_2(g)} + \mathrm{PbO(rot)}, \qquad E^0_{298} = -0{,}2494 \text{ Volt}.$$

Daraus folgt $\varDelta G^0_{298} = 11510$*. Unter Verwendung der für Wasser und Wasserdampf bereits angegebenen Daten und Gleichungen[1] läßt sich hieraus für die Reaktion

$$\mathrm{Pb(s)} + \tfrac{1}{2}\,\mathrm{O_2} = \mathrm{PbO(rot)}, \qquad \varDelta G^0_{298} = -45200$$

ableiten.

---

* Der Zusammenhang zwischen der elektromotorischen Kraft einer galvanischen Kette und der freien Enthalpie der mit dieser Kette gemessenen Reaktion wird hergestellt durch die Formel

$$\varDelta G^0 = -NFE.$$

Hierin bedeuten N die Zahl der umgesetzten Äquivalente, F das Faraday-Äquivalent ($F = 23070$ bei Angabe von $\varDelta G^0$ in cal) und E die gemessene elektromotorische Kraft.

[1] Die spezifische Wärme von Wasser kann nach K. K. KELLEY [45] konstant zu 18,03 (0,5%) angenommen werden. Da die Verdampfungsenthalpie $\varDelta I_{298} = 10500$ (entsprechend $\varDelta I_{373} = 9740$) bereits gegeben wurde, außerdem die freie Enthalpie am Siedepunkt gleich Null ist, können folgende Gleichungen abgeleitet werden:

$$\mathrm{H_2O(l)} = \mathrm{H_2O(g)},$$

$$\varDelta I = 13660 - 11{,}03\,T + 1{,}39 \cdot 10^{-3}\,T^2,$$

$$\varDelta G^0 = 13660 + 25{,}40\,T \lg T - 1{,}39 \cdot 10^{-3}\,T^2 - 101{,}42\,T,$$

$$\varDelta I_{298} = 10500, \qquad \varDelta G^0_{298} = 2040, \qquad \varDelta S_{298} = 28{,}39.$$

Die Entropie von Wasserdampf wurde bereits zu 45,10 angegeben. Diejenige von Wasser beträgt nach GORDON (zit. in [71]) 16,75. Daraus ergibt sich in guter Übereinstimmung mit der oben abgeleiteten Zahl $\varDelta S_{298} = 28{,}35$.

Durch Kombination mit (42) und (43) erhält man: (Fortsetzung S. 60)

M. P. APPLEBEY und R. D. REID (zit. in [68]) haben die elektromotorische Kraft der Kette Pb/PbO, NaOH/NaOH, HgO/Hg gemessen und bei Gegenwart von gelbem Bleioxyd $E_{293} = -0{,}6734$, bei rotem Oxyd $E_{293} = -0{,}6808$ gefunden. Aus dem letzten Wert und der von M. RANDALL angegebenen freien Enthalpie der Reaktion

$$\mathrm{Hg(l)} + \tfrac{1}{2}\,\mathrm{O_2} = \mathrm{HgO\,(rot)}, \qquad \Delta G^0_{298} = -13\,940,$$

(zit. in [71]) folgt unter Vernachlässigung der 5° Temperaturdifferenz für die Reaktion

$$\mathrm{Pb(s)} + \tfrac{1}{2}\,\mathrm{O_2} = \mathrm{PbO\,(rot)}, \qquad \Delta G^0_{298} = -45\,360.$$

Die angegebenen Zahlen schwanken also bei der Reaktionsenthalpie von -51990 bis -52400, bei der freien Enthalpie von -44910 bis -45360. Ihre Überprüfung mit Hilfe der Entropiewerte wird durch die Unsicherheit der für die Entropien angegebenen Zahlen erschwert. Für das rote Oxyd schwanken die Zahlen zwischen 15,6 und 18,9 [40; 71; 119]. Ein aus Tieftemperaturmessungen der spezifischen Wärme abgeleiteter Entropiewert liegt nur für das gelbe Oxyd vor. K. K. KELLEY [48] gibt ihn zu $16{,}6 \pm 0{,}5$ an. Wenn nun die Entropieänderung für die Umwandlung PbO (gelb) = PbO (rot) bestimmt werden kann, ist es möglich, einen einigermaßen sicheren Entropiewert für das rote Bleioxyd anzugeben. Nach H. M. SPENCER und J. H. MOTE (zit. in [71]) beträgt die freie Enthalpie der Umwandlung bei 25° C -140 cal/Mol, nach einer Angabe in [39] -160. Aus den EMK-Messungen von M. R. APPLEBEY und R. D. REID folgt $\Delta G^0_{298} = -340$. Mit dem Mittelwert -210 cal/Mol läßt sich unter der Annahme, daß $\Delta C_p = 0$ gesetzt werden kann, ΔI_0 berechnen, da für die Umwandlung bei 490° C die freie Energie gleich Null ist und somit 2 Gleichungen mit 2 Unbekannten aufgestellt werden können. Man erhält $\Delta I = \Delta I_0 = -345$ und hieraus $\Delta S_{298} = -0{,}45$. Die Entropie des roten Oxyds beträgt damit $16{,}15 \pm 0{,}5$. Den gleichen Wert erhält man mit der von K. K. KELLEY für die Entropien der Oxyde angegebenen Formel[1], ohne daß er jedoch einer bestimmten Modifikation des Bleioxyds zugerechnet werden kann. Da die Entropie des Bleis von K. K. KELLEY [48] zu $15{,}49 \pm 0{,}08$ angegeben wird, folgt für die Reaktion

$$\mathrm{Pb(s)} + \tfrac{1}{2}\,\mathrm{O_2} = \mathrm{PbO\,(rot)},$$
$$\Delta S_{298} = -23{,}85 \quad \text{und} \quad T\,\Delta S_{298} = -7110.$$

Damit wird praktische Übereinstimmung mit den mittleren Werten der

$$\mathrm{H_2} + \tfrac{1}{2}\,\mathrm{O_2} = \mathrm{H_2O\,(l)},$$
$$\Delta I = -70100 + 7{,}27\,T - 0{,}47 \cdot 10^{-3}\,T^2 - 0{,}94 \cdot 10^5\,T^{-1}, \qquad (142)$$
$$\Delta G^0 = -70100 - 16{,}74\,T \lg T + 0{,}47 \cdot 10^{-3}\,T^2 - 0{,}47 \cdot 10^5\,T^{-1} + 86{,}77\,T, \qquad (143)$$
$$\Delta I_{298} = -68310, \qquad \Delta G^0_{298} = -56710, \qquad \Delta S_{298} = -38{,}93.$$

[1] Siehe Anm. 1, S. 29.

oben für ΔI_{298} und ΔG^0_{298} angegebenen Bereiche erzielt. Die folgende Rechnung wird mit $\Delta I_{298} = -52200$ und $\Delta G^0_{298} = -45100$ durchgeführt.

Die spezifischen Wärmen der Reaktionsteilnehmer betragen nach K. K. KELLEY [45]

$$Pb(s) \quad : C_p = 5{,}77 + 2{,}02 \cdot 10^{-3}\, T,$$
$$PbO(s) : C_p = 10{,}33 + 3{,}18 \cdot 10^{-3}\, T,$$

so daß sich nun folgende Gleichungen ableiten lassen:

$$Pb(s) + \tfrac{1}{2} O_2 = PbO(\text{rot}),$$

$$\Delta I = -52060 + 0{,}42\, T + 0{,}52 \cdot 10^{-3}\, T^2 - 0{,}94 \cdot 10^5\, T^{-1}, \tag{144}$$

$$\Delta G^0 = -52060 - 0{,}97\, T \lg T - 0{,}52 \cdot 10^{-3}\, T^2 - 0{,}47 \cdot 10^5\, T^{-1} + 26{,}44\, T, \tag{145}$$

$$\Delta I_{298} = -52200, \quad \Delta G^0_{298} = -45100, \quad \Delta S_{298} = -23{,}85.$$

Die Schmelzwärme von Blei wird von K. K. KELLEY [47] in praktischer Übereinstimmung mit MAGNUS und OPPENHEIMER (zit. in [4]) zu 1220 cal bei 327° C angegeben. Die spezifische Wärme des geschmolzenen Bleis zwischen der Schmelztemperatur und 1000° C beträgt 6,8 bei einem maximalen Fehler von 5% [45].

$$Pb(l) + \tfrac{1}{2} O_2 = PbO(s),$$

$$\Delta I = -53030 - 0{,}61\, T + 1{,}53 \cdot 10^{-3}\, T^2 - 0{,}94 \cdot 10^5\, T^{-1}, \tag{146}$$

$$\Delta G^0 = -53030 + 1{,}41\, T \lg T - 1{,}53 \cdot 10^{-3}\, T^2 - 0{,}47 \cdot 10^5\, T^{-1} + 22{,}05\, T. \tag{147}$$

C. G. MAIER [75] gibt die Schmelzwärme des Oxyds zu 2320 cal bei 890° C an. Die von KELLEY [46] auf 14,0 geschätzte spezifische Wärme des geschmolzenen Oxyds ist zu unsicher, um damit ausführliche Gleichungen abzuleiten. Im folgenden wird mit $\Delta C_p = 3{,}0$ gerechnet.

$$Pb(l) + \tfrac{1}{2} O_2 = PbO(l),$$

$$\Delta I = -52920 + 3{,}0\, T, \tag{148}$$

$$\Delta G^0 = -52920 - 6{,}91\, T \lg T + 45{,}65\, T. \tag{149}$$

Es folgen noch die von K. K. KELLEY [46] ermittelten Verdampfungswärmen sowie die von ihm geschätzten spezifischen Wärmen der Gase, ohne daß jedoch wegen der Unsicherheit der Zahlen die entsprechenden Gleichungen abgeleitet werden.

$$Pb(l) = Pb(g) : \Delta I_{2017} = 42060, \quad PbO(l) = PbO(g) : \Delta I_{1745} = 51310,$$
$$Pb(g) : C_p = 4{,}97, \quad PbO(g) : C_p = 8{,}5.$$

Silizium(IV)-Oxyd.

Die thermischen Daten des Siliziumdioxyds sind noch nicht so weit gemessen worden, daß sich für alle Modifikationen die Affinitätsgleichungen ableiten lassen. Die ausführlichste Zusammenstellung des vorhandenen Materials gibt wieder K. K. KELLEY [45], dessen Zahlen und Gleichungen fast vollständig übernommen werden.

$$Si(s) \quad : C_p = 5{,}74 + 0{,}62 \cdot 10^{-3}\, T - 1{,}01 \cdot 10^5\, T^{-2} \ (2\%),$$
$$SiO_2(\alpha\text{-Quarz}) : C_p = 10{,}87 + 8{,}71 \cdot 10^{-3}\, T - 2{,}41 \cdot 10^5\, T^{-2} \ (1\%),$$
$$SiO_2(\beta\text{-Quarz}) : C_p = 10{,}95 + 5{,}50 \cdot 10^{-3}\, T \ (4\%),$$
$$SiO_2(\alpha\text{-Crist.}) : C_p = 3{,}65 + 24 \cdot 10^{-3}\, T \ (3\%),$$
$$SiO_2(\beta\text{-Crist.}) : C_p = 17{,}09 + 0{,}45 \cdot 10^{-3}\, T - 8{,}97 \cdot 10^5\, T^{-2} \ (3\%).$$

KELLEY [50] hat unter Verwendung der von W. A. ROTH und G. BECKER [93] zu -205600 ± 350 bestimmten Bildungsenthalpie des α-Cristobalits und der aus Tieftemperaturmessungen der spezifischen Wärme abgeleiteten Entropien

$$\mathrm{Si(s)}: S_{298} = 4{,}50 \pm 0{,}05; \quad \mathrm{SiO_2(\alpha\text{-}Crist.)}: S_{298} = 10{,}35 \pm 0{,}1 \ [48]$$

bereits Gleichungen abgeleitet. In der folgenden Wiedergabe ist jedoch unter Ausnutzung der für die Bildungsenthalpie gegebenen Toleranz mit $\Delta I_{298} = -205950$ gerechnet worden. Diese Änderung bringt beim späteren Vergleich der Gleichungen für Cristobalit mit denen für Quarz eine bessere Übereinstimmung.

$$\mathrm{Si(s)} + \mathrm{O_2} = \mathrm{SiO_2}\,(\alpha\text{-Crist.}),$$

$$\Delta I = -202920 - 10{,}36\,T + 11{,}56 \cdot 10^{-3}\,T^2 - 2{,}89 \cdot 10^5\,T^{-1}, \tag{150}$$

$$\Delta G^0 = -202920 + 23{,}86\,T \lg T - 11{,}56 \cdot 10^{-3}\,T^2 - 1{,}44 \cdot 10^5\,T^{-1} - 20{,}95\,T, \tag{151}$$

$$\Delta I_{298} = -205950, \quad \Delta G^0_{298} = -193090, \quad \Delta S_{298} = -43{,}17.$$

$$\mathrm{Si(s)} + \mathrm{O_2} = \mathrm{SiO_2}\,(\beta\text{-Crist.}),$$

$$\Delta I = -208250 + 3{,}08\,T - 0{,}22 \cdot 10^{-3}\,T^2 + 6{,}08 \cdot 10^5\,T^{-1}, \tag{152}$$

$$\Delta G^0 = -208250 - 7{,}10\,T \lg T + 0{,}22 \cdot 10^{-3}\,T^2 + 3{,}04 \cdot 10^5\,T^{-1} + 65{,}58\,T. \tag{153}$$

Bei der Berechnung der beiden letzten Gleichungen ist die bei 250° C liegende Umwandlung des Cristobalits mit einer Umwandlungswärme von 190 cal berücksichtigt worden.

Für Quarz läßt sich die gleiche Rechnung durchführen. Die Bildungsenthalpie des α-Quarzes wird von W. A. ROTH und H. TROITZSCH (zit. in [71]) zu -208300 ± 350 bei 20° C angegeben. Bei der Berechnung wird aus dem bereits angegebenen Grund -207950 eingesetzt. Die Entropie beträgt nach K. K. KELLEY [48] bei 25° C $10{,}1 \pm 0{,}1$ die Umwandlungswärme bei 575° C 210 cal [45].

$$\mathrm{Si(s)} + \mathrm{O_2} = \mathrm{SiO_2}\,(\alpha\text{-Quarz}),$$

$$\Delta I = -207200 - 3{,}14\,T + 3{,}92 \cdot 10^{-3}\,T^2 - 0{,}48 \cdot 10^5\,T^{-1}, \tag{154}$$

$$\Delta G^0 = -207200 + 7{,}23\,T \lg T - 3{,}92 \cdot 10^{-3}\,T^2 - 0{,}24 \cdot 10^5\,T^{-1} + 24{,}48\,T, \tag{155}$$

$$\Delta I_{298} = -207950, \quad \Delta G^0_{298} = -195010, \quad \Delta S_{298} = -43{,}42.$$

$$\mathrm{Si(s)} + \mathrm{O_2} = \mathrm{SiO_2}\,(\beta\text{-Quarz}),$$

$$\Delta I = -206030 - 3{,}06\,T + 2{,}31 \cdot 10^{-3}\,T^2 - 2{,}89 \cdot 10^5\,T^{-1}, \tag{156}$$

$$\Delta G^0 = -206030 + 7{,}05\,T \lg T - 2{,}31 \cdot 10^{-3}\,T^2 - 1{,}45 \cdot 10^5\,T^{-1} + 22{,}43\,T. \tag{157}$$

Für die Umwandlung von β-Cristobalit in α-Quarz erhält man aus den abgeleiteten Gleichungen $\Delta I_{350} = -2500$, während H. TROITZSCH (zit. in [71]) für die gleiche Temperatur -1680 cal ermittelte. Die Übereinstimmung läßt trotz der Ausnützung der Toleranz für die Bildungsenthalpie noch zu wünschen übrig.

Wegen der großen Bedeutung der Kieselsäure für metallurgische Reaktionen sollen hier noch einige Daten angegeben werden, die zur

Umrechnung auf den flüssigen Zustand notwendig sind. K. K. KELLEY [47] gibt die Schmelzwärme des Siliziums zu 9470 cal/Mol bei 1423° C an. Diejenige des β-Quarzes beträgt bei 1470° C 3400 cal, die des β-Cristobalits bei 1700° C 2100 cal/Mol [47]. Bei den unten angegebenen Gleichungen ist die Differenz der spezifischen Wärmen auf zwei geschätzt worden. Die Rechnung wird zunächst mit den für Cristobalit abgeleiteten Gleichungen weitergeführt.

$$\mathrm{Si(l)} + \mathrm{O_2} = \mathrm{SiO_2}\ (\beta\text{-Crist.}),$$

$$\Delta I = -216160 + 2\,T, \tag{158}$$

$$\Delta G^0 = -216160 - 4{,}61\,T \lg T + 62{,}64\,T. \tag{159}$$

$$\mathrm{Si(l)} + \mathrm{O_2} = \mathrm{SiO_2(l)},$$

$$\Delta I = -214060 + 2\,T, \tag{160}$$

$$\Delta G^0 = -214060 - 4{,}61\,T \lg T + 61{,}56\,T. \tag{161}$$

Geht man bei der Berechnung dieser Gleichungen von denjenigen für Quarz aus, so findet man:

$$\mathrm{Si(l)} + \mathrm{O_2} = \mathrm{SiO_2(l)},$$

$$\Delta I = -214120 + 2\,T, \tag{162}$$

$$\Delta G^0 = -214120 - 4{,}61\,T \lg T + 60{,}95\,T. \tag{163}$$

Die Übereinstimmung der Gln. (160) und (162) ist überraschend gut, während bei den Gleichungen für die freie Enthalpie eine Differenz bleibt, die bei 2000° K 1280 cal beträgt.

Zinn(IV)-Oxyd.

Messungen der spezifischen Wärme wurden bisher nur wenige durchgeführt. Es werden die von K. K. KELLEY [45] gegebenen Gleichungen übernommen.

$\mathrm{Sn(s)}$: $C_p = 5{,}05 + 4{,}80 \cdot 10^{-3}\,T$ (2%),

$\mathrm{Sn(l)}$: $C_p = 6{,}6$ (10% bis 1000° C),

$\mathrm{SnO_2(s)}$: $C_p = 13{,}94 + 5{,}65 \cdot 10^{-3}\,T - 2{,}52 \cdot 10^5\,T^{-2}$ (geschätzt bis 1000° C),

$\mathrm{Sn(s)} = \mathrm{Sn(l)}$: $\Delta I_{505} = 1720$ cal/Mol.

Die Bildungsenthalpie des Oxyds beträgt nach H. ULICH, C. SCHWARZ und K. CRUSE [123] als Mittelwert aus verschiedenen direkt gemessenen oder aus Gleichgewichtsmessungen abgeleiteten Zahlen -137800 ± 500. Die in den Tab. 31 und 32 ausgewerteten Messungen führen zu Bildungsenthalpien, die bei den Untersuchungen mit H_2 um ca. 700, bei denen mit CO um ca. 2000 cal größer sind. Es wird mit $\Delta I_{298} = -138500$ gerechnet. Dieser Wert gibt besonders bei den Messungen von P. H. EMMETT und I. F. SHULTZ gute Konstanz der Z-Werte und liegt nur um 200 cal außerhalb der von H. ULICH und Mitarbeitern angegebenen Toleranz.

Der Rechnung in den Tab. 31 und 32 liegen Arbeiten von E. D. EASTMAN und P. ROBINSON [20] und von P. H. EMMETT und I. F. SHULTZ [23] zugrunde. Die erhaltenen Z-Werte ergeben nach der Umrechnung auf die Affinitätsgleichung des Oxydes bei Tab. 31 $Z = 48{,}44$, bei Tab. 32

Tabelle 31. $SnO_2(s) + 2\,CO = Sn(l) + 2\,CO_2$.

T	K_p	$\frac{\Delta G^0}{T}$	$+0{,}30 \cdot \lg T$	$-1{,}28 \cdot 10^{-3}\,T$	$-1{,}04 \cdot 10^5\,T^{-2}$	Σ	$\frac{4510}{T}$	Z
			Messungen von E. D. EASTMAN und P. ROBINSON [20].					
918	9,42	—4,46	0,89	—1,18	—0,12	—4,87	4,91	— 9,78
939	10,88	—4,63	0,89	—1,20	—0,12	—5,06	4,80	— 9,86
954	10,82	—4,73	0,89	—1,22	—0,11	—5,17	4,73	— 9,90
977	11,49	—4,85	0,90	—1,25	—0,11	—5,31	4,61	— 9,92
1045	13,72	—5,20	0,90	—1,34	—0,10	—5,74	4,32	—10,06
1088	15,39	—5,43	0,91	—1,39	—0,09	—6,00	4,14	—10,14
						Mittelwert		— 9,94

Tabelle 32. $SnO_2(s) + 2\,H_2 = Sn(l) + 2\,H_2O$.

T	K_p	$\frac{\Delta G^0}{T}$	$-15{,}18 \cdot \lg T$	$-0{,}86 \cdot 10^{-3}\,T$	$+1{,}26 \cdot 10^5\,T^{-2}$	Σ	$\frac{27\,550}{T}$	Z
			Messungen von E. D. EASTMAN und P. ROBINSON [20].					
928	5,30	—3,32	—45,08	—0,80	0,15	—49,05	29,69	—78,74
931	7,03	—3,88	—45,10	—0,80	0,15	—49,63	29,59	—79,22
971	7,75	—4,08	—45,36	—0,83	0,14	—50,13	28,37	—78,50
976	9,02	—4,36	—45,39	—0,84	0,13	—50,46	28,23	—78,69
1044	17,36	—5,68	—45,86	—0,90	0,12	—52,32	26,39	—78,71
1046	17,36	—5,68	—45,88	—0,90	0,12	—52,34	26,34	—78,68
1082	27,42	—6,58	—46,09	—0,93	0,11	—53,49	25,46	—78,95
1099	24,27	—6,34	—46,20	—0,95	0,10	—53,39	25,06	—78,45
1099	26,82	—6,54	—46,20	—0,95	0,10	—53,59	25,06	—78,65
1169	43,29	—7,48	—46,60	—1,01	0,09	—55,00	23,56	—78,56
						Mittelwert		—78,72
			Messungen von P. H. EMMETT und I. F. SHULTZ [23].					
923	2,76	—2,02	—45,04	—0,79	0,15	—47,70	29,85	—77,55
973	4,93	—3,16	—45,38	—0,84	0,13	—49,25	28,32	—77,57
1023	8,06	—4,14	—45,72	—0,88	0,12	—50,62	26,93	—77,55
1073	12,46	—5,00	—46,05	—0,92	0,11	—51,86	25,67	—77,53
						Mittelwert		—77,55

in der Reihenfolge der angeführten Untersuchungen $Z = 49{,}44$ und 48,27. Die Abweichung der von EASTMAN und ROBINSON mit H_2–H_2O-Gemischen durchgeführten Messungen beruht wahrscheinlich auf der bereits bei der Ableitung der Gleichungen für FeO erwähnten Thermodiffusion, die bei statischen Meßverfahren das Ergebnis stark fälschen kann. Auch beim Eisen lag der aus den mit H_2–H_2O-Gemischen durchgeführten Messungen von E. D. EASTMAN und R. M. EVANS errechnete

Z-Wert zu hoch, während P. H. EMMETT und I. F. SHULTZ einen mit den Ergebnissen der Kohlenoxydreduktion übereinstimmenden Wert für Z erhielten. Die Mittelwertbildung ergibt unter Vernachlässigung der in Tab. 32 enthaltenen Messungen von E. D. EASTMAN und P. ROBINSON $Z = 48{,}36$, womit sich folgende Gleichungen aufstellen lassen:

$$Sn(s) + O_2 = SnO_2(s),$$

$$\Delta I = -138\,920 + 0{,}62\,T + 0{,}30 \cdot 10^{-3}\,T^2 + 0{,}64 \cdot 10^5\,T^{-1}, \quad (164)$$

$$\Delta G^0 = -138\,920 - 1{,}43\,T \lg T - 0{,}30 \cdot 10^{-3}\,T^2 + 0{,}32 \cdot 10^5\,T^{-1} + 53{,}74\,T, \quad (165)$$

$$\Delta I_{298} = -138\,500, \quad \Delta G^0_{298} = -123\,880, \quad \Delta S_{298} = -49{,}06.$$

$$Sn(l) + O_2 = SnO_2(s),$$

$$\Delta I = -140\,470 - 0{,}93\,T + 2{,}70 \cdot 10^{-3}\,T^2 + 0{,}64 \cdot 10^5\,T^{-1}, \quad (166)$$

$$\Delta G^0 = -140\,470 + 2{,}14\,T \lg T - 2{,}70 \cdot 10^{-3}\,T^2 + 0{,}32 \cdot 10^5\,T^{-1} + 48{,}36\,T. \quad (167)$$

Die aus Messungen der spezifischen Wärmen bei tiefen Temperaturen abgeleiteten Entropien des Metalls und des Oxyds betragen nach K. K. KELLEY [48] bei 25° C 12,3 ± 0,1 bzw. 12,5 ± 0,3. Hieraus folgt in guter Übereinstimmung mit dem eben abgeleiteten Wert $\Delta S_{298} = -48{,}82 \pm 0{,}4$.

Zinkoxyd.

Für die spezifischen Wärmen werden die folgenden Gleichungen [45] eingesetzt, welche gut mit neueren Messungen der spezifischen Wärme [4; 71] übereinstimmen.

$$Zn(s) : C_p = 5{,}25 + 2{,}70 \cdot 10^{-3}\,T \; (2\%),$$

$$Zn(l) : C_p = 7{,}59 + 0{,}55 \cdot 10^{-3}\,T,$$

$$Zn(g) : C_p = 4{,}97 \; \text{(geschätzt)},$$

$$ZnO(s) : C_p = 11{,}40 + 1{,}45 \cdot 10^{-3}\,T - 1{,}82 \cdot 10^5\,T^{-2} \; (3\% \text{ bis } 1200^0\,\text{C}).$$

W. A. ROTH (zit. in [71]) gibt für die Bildungsenthalpie als wahrscheinlichsten Wert − 83 300 ± 200 bei 20° C an. Die Auswertung der Gleichgewichtsmessungen führt praktisch zum gleichen Wert, der aber wegen der großen Streuung der gegen $1/T$ aufgetragenen Σ-Werte weniger sicher ist. Unter Vernachlässigung der 5° Temperaturdifferenz wird daher der Rothsche Wert für 298° K übernommen. Bei der Umrechnung auf höhere Temperaturen wird für die Schmelzwärme von Zink ein Mittelwert von 1700 cal eingesetzt, der sich aus verschiedenen, in [71] zitierten Messungen ergibt. Die Verdampfungswärme wird von K. K. KELLEY [46] mit 27 430 cal/Mol übernommen.

Ausführliche Messungen von Reduktionsgleichgewichten wurden von W. FALKENBERG [26] durchgeführt und von M. BODENSTEIN [8] erneut besprochen. Weitere Messungen stammen von C. G. MAIER und O. C. RALSTON [76] sowie von E. C. TRUESDALE und R. K. WARING [118]. Die Auswertung dieser sämtlich durch Kohlenoxydreduktion gemessenen Gleichgewichte ist aus Tab. 33 (siehe S. 66) zu ersehen.

Tabelle 33. $ZnO(s) + CO = Zn(g) + CO_2$.

T	$\lg K_p$	$\frac{\Delta G^0}{T}$	$-6{,}20 \cdot \lg T$	$+0{,}05 \cdot 10^{-3}\, T$	$-0{,}24 \cdot 10^5\, T^{-2}$	Σ	$\frac{47\,660}{T}$	Z
			Messungen von W. Falkenberg [26].					
844	—5,572	25,47	—18,13	0,04	—0,03	7,35	56,47	—49,12
888	—4,953	22,64	—18,27	0,04	—0,03	4,38	53,67	—49,29
944	—4,324	19,77	—18,43	0,05	—0,03	1,36	50,49	—49,13
995	—3,755	17,17	—18,57	0,05	—0,02	— 1,37	47,90	—49,27
1051	—3,255	14,88	—18,72	0,05	—0,02	— 3,81	45,35	—49,16
1104	—2,826	12.92	—18,85	0,06	—0,02	— 5,89	43,17	—49,06
1156	—2,395	10,95	—18,98	0,06	—0,02	— 7,99	41,23	—49,22
1208	—1,985	9,07	—19,09	0,06	—0,02	— 9,98	39,45	—49,43
1253	—1,736	7,94	—19,19	0,06	—0,02	—11,21	38,03	—49,24
1326	—1,332	6,09	—19,34	0,07	—0,01	—13,19	35,94	—49,13
							Mittelwert	—49,21

T	$\frac{CO_2}{CO}$	p_{Zn}	K_p	$\frac{\Delta G^0}{T}$	$-6{,}20 \cdot \lg T$	$+0{,}05 \cdot 10^{-3}\, T$	$-0{,}24 \cdot 10^5 T^{-2}$	Σ	$\frac{47\,660}{T}$	Z
			Messungen von C. G. Maier und O. C. Ralston [76].							
825,2	$5{,}47 \cdot 10^{-4}$	$5{,}80 \cdot 10^{-3}$	$3{,}17 \cdot 10^{-6}$	25,16	—18,06	0,04	—0,03	7,11	57,76	(—50,65)
867,0	$7{,}81 \cdot 10^{-4}$	$1{,}34 \cdot 10^{-2}$	$1{,}05 \cdot 10^{-5}$	22,78	—18,20	0,04	—0,03	4,59	54,98	(—50,39)
930,4	$1{,}20 \cdot 10^{-3}$	$4{,}12 \cdot 10^{-2}$	$4{,}93 \cdot 10^{-5}$	19,70	—18,39	0,05	—0,03	1,33	51,23	—49,90
933,1	$1{,}17 \cdot 10^{-3}$	$4{,}30 \cdot 10^{-2}$	$5{,}05 \cdot 10^{-5}$	19,66	—18,41	0,05	—0,03	1,27	51,08	—49,81
966,2	$1{,}53 \cdot 10^{-3}$	$7{,}14 \cdot 10^{-2}$	$1{,}09 \cdot 10^{-4}$	18,30	—18,51	0,05	—0,03	—0,19	49,33	—49,52
988,1	$1{,}76 \cdot 10^{-3}$	$1{,}00 \cdot 10^{-1}$	$1{,}76 \cdot 10^{-4}$	17,16	—18,55	0,05	—0,02	—1,36	48,23	—49,59
1015,0	$2{,}43 \cdot 10^{-3}$	$1{,}47 \cdot 10^{-1}$	$3{,}55 \cdot 10^{-4}$	15,78	—18,64	0,05	—0,02	—2,83	46,96	—49,79
1029,2	$3{,}18 \cdot 10^{-3}$	$1{,}77 \cdot 10^{-1}$	$5{,}64 \cdot 10^{-4}$	14,85	—18,68	0,05	—0,02	—3,80	46,31	—50,11
1033,3	$2{,}70 \cdot 10^{-3}$	$1{,}85 \cdot 10^{-1}$	$4{,}98 \cdot 10^{-4}$	15,11	—18,69	0,05	—0,02	—3,55	46,13	—49,68
1034,5	$2{,}51 \cdot 10^{-3}$	$1{,}88 \cdot 10^{-1}$	$4{,}73 \cdot 10^{-4}$	15,21	—18,70	0,05	—0,02	—3,46	46,07	—49,53
1035,8	$2{,}61 \cdot 10^{-3}$	$1{,}91 \cdot 10^{-1}$	$4{,}97 \cdot 10^{-4}$	15,12	—18,71	0,05	—0,02	—3,56	46,01	—49,57
1072,8	$3{,}73 \cdot 10^{-3}$	$3{,}05 \cdot 10^{-1}$	$1{,}14 \cdot 10^{-3}$	13,47	—18,78	0,05	—0,02	—5,28	44,43	—49,71
1073,2	$3{,}68 \cdot 10^{-3}$	$3{,}08 \cdot 10^{-1}$	$1{,}13 \cdot 10^{-3}$	13,48	—18,79	0,05	—0,02	—5,28	44,41	—49,69
1074,1	$3{,}66 \cdot 10^{-3}$	$3{,}11 \cdot 10^{-1}$	$1{,}14 \cdot 10^{-3}$	13,47	—18,80	0,05	—0,02	—5,30	44,38	—49,68
1078,0	$3{,}78 \cdot 10^{-3}$	$3{,}27 \cdot 10^{-1}$	$1{,}23 \cdot 10^{-3}$	13,31	—18,81	0,05	—0,02	—5,47	44,22	—49,69
1109,2	$5{,}70 \cdot 10^{-3}$	$4{,}68 \cdot 10^{-1}$	$2{,}67 \cdot 10^{-3}$	11,77	—18,87	0,06	—0,02	—7,06	42,97	—50,03
1113,7	$5{,}49 \cdot 10^{-3}$	$4{,}92 \cdot 10^{-1}$	$2{,}70 \cdot 10^{-3}$	11,75	—18,88	0,06	—0,02	—7,09	42,79	—49,88
1119,6	$5{,}58 \cdot 10^{-3}$	$5{,}16 \cdot 10^{-1}$	$2{,}88 \cdot 10^{-3}$	11,62	—18,90	0,06	—0,02	—7,24	42,57	—49,81
									Mittelwert	—49,75

T	$\lg K_p$	$\frac{\Delta G^0}{T}$	$-6{,}20 \cdot \lg T$	$+0{,}05 \cdot 10^{-3}\, T$	$-0{,}24 \cdot 10^5\, T^{-2}$	Σ	$\frac{47\,660}{T}$	Z
			Messungen von E. C. Truesdale und R. K. Waring [118].					
1173	—2,17	9,91	—19,03	0,06	—0,02	— 9,08	40,63	—49,71
1275	—1,45	6,62	—19,25	0,06	—0,01	—12,58	37,38	—49,96
1378	—0,90	4,12	—19,46	0,07	—0,01	—15,28	34,59	—49,87
							Mittelwert	—49,85

Bei der Auswertung der Messungen von C. G. Maier und O. C. Ralston ist darauf zu achten, daß dem Oxyd metallisches Zink zugesetzt worden war. Der beim Reduktionsgleichgewicht vorhandene Zinkdampfdruck entspricht demnach dem des geschmolzenen Metalles. Die in Tab. 33, Spalte 3, angegebenen Drucke sind mit Hilfe der von K. K. KELLEY [46] angegebenen Formel

$$\mathrm{Zn(l)} = \mathrm{Zn(g)} : \Delta G^0 = 30902 + 6{,}03\ T \lg T + 0{,}275 \cdot 10^{-3}\ T^2 - 45{,}03\ T$$

errechnet worden, welche die experimentell bestimmten Dampfdrucke gut wiedergibt.

Die ausgewerteten Meßreihen führen für die Reaktion

$$\mathrm{Zn(g)} + \tfrac{1}{2}\,\mathrm{O_2} = \mathrm{ZnO(s)}$$

zu den Z-Werten 68,46; 69,00 und 69,10. Der Mittelwert beträgt 68,85. Es lassen sich nun folgende endgültige Gleichungen ableiten:

$$\mathrm{Zn(s)} + \tfrac{1}{2}\,\mathrm{O_2} = \mathrm{ZnO(s)},$$

$$\Delta I = -84140 + 2{,}01\ T - 0{,}69 \cdot 10^{-3}\ T^2 + 0{,}88 \cdot 10^5\ T^{-1}, \qquad (168)$$

$$\Delta G^0 = -84140 - 4{,}63\ T \lg T + 0{,}69 \cdot 10^{-3}\ T^2 + 0{,}44 \cdot 10^5\ T^{-1} + 37{,}47\ T, \qquad (169)$$

$$\Delta I_{298} = -83300, \quad \Delta G^0_{298} = -76180, \quad \Delta S_{298} = -23{,}89.$$

$$\mathrm{Zn(l)} + \tfrac{1}{2}\,\mathrm{O_2} = \mathrm{ZnO(s)},$$

$$\Delta I = -84740 - 0{,}33\ T + 0{,}39 \cdot 10^{-3}\ T^2 + 0{,}88 \cdot 10^5\ T^{-1}, \qquad (170)$$

$$\Delta G^0 = -84740 + 0{,}76\ T \lg T - 0{,}39 \cdot 10^{-3}\ T^2 + 0{,}44 \cdot 10^5\ T^{-1} + 23{,}77\ T. \qquad (171)$$

$$\mathrm{Zn(g)} + \tfrac{1}{2}\,\mathrm{O_2} = \mathrm{ZnO(s)},$$

$$\Delta I = -115640 + 2{,}29\ T + 0{,}66 \cdot 10^{-3}\ T^2 + 0{,}88 \cdot 10^5\ T^{-1}, \qquad (172)$$

$$\Delta G^0 = -115640 - 5{,}28\ T \lg T - 0{,}66 \cdot 10^{-3}\ T^2 + 0{,}44 \cdot 10^5\ T^{-1} + 68{,}85\ T. \qquad (173)$$

Die Standardentropien betragen nach K. K. KELLEY [48] beim Metall 9,95 $\pm$0,10 und beim Oxyd 10,4 $\pm$0,1. Daraus ergibt sich ΔS_{298} in Übereinstimmung mit der eigenen Rechnung zu $-$ 24,06 $\pm$0,20.

Für die Berechnung von Gleichgewichten bei Gegenwart von geschmolzenem Zinkoxyd sei noch angegeben, daß nach K. K. KELLEY [47] die aus Erstarrungsdiagrammen abgeleitete Schmelzwärme des Oxyds 4470 cal/Mol bei 2250° K beträgt.

V. Beispiele für die Anwendung der abgeleiteten thermodynamischen Gleichungen.

Nachdem für die einzelnen Metalloxyde die Gleichungen der freien Enthalpie abgeleitet wurden, gilt es nun, die Verbindung zwischen den Ergebnissen der rechnerischen und der experimentellen Untersuchung einer metallurgischen Reaktion herzustellen. Gelingt es, diesen entscheidenden Schritt zu tun, so werden die Möglichkeiten zur Erfassung und Deutung der Metallgewinnungsverfahren erheblich vermehrt. Allerdings lassen die Beispiele auch erkennen, daß eine eingehende Beschäftigung mit der Materie erforderlich ist, um den zahlreichen, die Gleichgewichtseinstellung beeinflussenden Faktoren gerecht zu werden. Es zeigt sich, daß der Aufbau komplizierter Reaktionen aus den einzelnen Teilreaktionen auch rechnerisch durchgeführt werden kann und daß durch dieses Vorgehen das Verständnis am besten gefördert wird.

a) Berechnung der Löslichkeit von Sauerstoff in geschmolzenem Silber.

Die für die Sauerstoffaffinität von Silber abgeleitete Gl. (45) lautet:

$$2\,Ag(s) + \tfrac{1}{2}\,O_2 = Ag_2O(s),$$

$$\Delta G^0 = -7380 - 2{,}30\,T\,\lg T - 1{,}5 \cdot 10^{-3}\,T^2 + 22{,}75\,T\,.$$

Sie wurde abgeleitet durch Auswertung von Messungen des Dissoziationsdruckes von Silberoxyd, wobei unter Vernachlässigung der geringen gegenseitigen Löslichkeit die Konzentration der beiden festen Phasen Ag und Ag_2O gleich 1 gesetzt wurde.

Die Verhältnisse im System Silber und Sauerstoff ändern sich weitgehend, wenn der Schmelzpunkt des Metalles überschritten wird. Sauerstoff ist dann in erheblichem Maße in Silber löslich. Seine Aufnahme führt zu einer Schmelzpunkterniedrigung, die bei Anwendung hoher Sauerstoffdrucke mit einer eutektischen Erstarrung endet, wie von N. P. Allen [1] festgestellt wurde. Ohne Druckanwendung entweicht der Sauerstoff während der Erstarrung, was zu der als „Spratzen" bezeichneten Erscheinung führt. Die Löslichkeit des Sauerstoffs im geschmolzenen Silber ist demnach druckabhängig. Diese Druckabhängigkeit ist bei allen Dissoziationsvorgängen zu beobachten, so daß die Vermutung naheliegt, daß auch die Sauerstoffabgabe aus dem geschmolzenen Silber eine Dissoziationserscheinung ist und die Menge des gelösten Sauerstoffes durch die Sauerstoffaffinität bestimmt wird. Es müßte, falls diese Annahme zutrifft, möglich sein, die Sauerstofflöslichkeit im geschmolzenen Silber aus Gl. (45) zu errechnen.

Vor der Durchführung dieser Rechnung sollen die bisherigen Überlegungen noch etwas ergänzt werden. Wie aus den in Tab. 5 wiedergegebenen O_2-Drucken ersichtlich ist, dissoziiert das Oxyd in reiner Sauerstoffatmosphäre von 1 Atm. Druck bei 190° C. Oberhalb dieser Temperatur ist das Oxyd unter normalen Bedingungen also nicht beständig. Andererseits ist bekannt, daß der Dissoziationsdruck eines Stoffes in gleicher Weise wie z. B. der Dampfdruck dadurch erniedrigt werden kann, daß man den Stoff in eine Lösung überführt. Die Konzentration dieser Lösung an dem dissoziierenden Stoff kann um so größer sein, je niedriger sein Dissoziationsdruck ist, bzw. muß die Lösung um so verdünnter sein, je höher der Zersetzungsdruck liegt.

Im vorliegenden Beispiel wirkt das geschmolzene Silber als Lösungsmittel für Silberoxyd, wobei es zunächst unerörtert bleiben soll, ob der Sauerstoff nun tatsächlich als Oxyd oder als Gas gelöst in der Schmelze vorliegt.

Falls die bisherige Überlegung zutrifft, dann wird von der Schmelze so viel Ag_2O aufgenommen, bis der Dissoziationsdruck den Außendruck erreicht. Ist nun für eine bestimmte Temperatur die Gleichgewichtskonstante K_p bekannt, so kann bei festliegendem Außendruck die molare Konzentration des Silberoxydes errechnet werden. Die Summe beider Konzentrationen, also derjenigen des metallischen Silbers und des Silberoxydes, muß 1 betragen. Hierbei wird die Annahme gemacht, daß die molare Konzentration mit der Aktivität gleichgesetzt werden kann. Dies dürfte nach den Untersuchungen von N. P. ALLEN [1] in erster Annäherung zutreffen. ALLEN hat durch Erhitzen von Gemischen aus Silber und Silberoxyd auf 600° unter Druck das Bestehen eines Eutektikums nachgewiesen. Die Schmelzpunkterniedrigung beträgt danach gegenüber dem metallischen Silber mindestens 360° und kann nur durch vollständige Löslichkeit zwischen Silber und Silberoxyd erklärt werden.

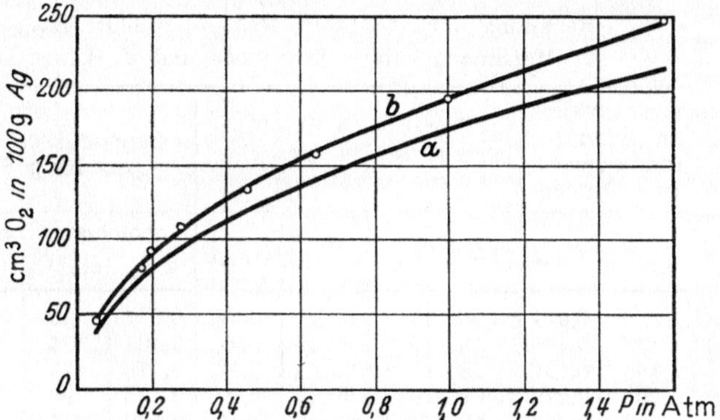

Abb. 3. Druckabhängigkeit der Sauerstofflöslichkeit in Silber.
a berechnet nach Gl. (45),
b nach Messungen von A. SIEVERTS und J. HAGENACKER [110].

Die Durchführung der Rechnung bereitet dadurch Schwierigkeiten, daß, wie bei seiner Unbeständigkeit nicht anders zu erwarten, für das Oxyd Angaben über Schmelzwärme, Schmelztemperatur sowie spezifische Wärme fehlen. Da auch für eine Schätzung keine Anhaltspunkte vorhanden sind, wird die Umrechnung auf den flüssigen Zustand unterlassen, und zwar auch für das Metall. Der hierbei entstehende Fehler ist gering, da die Sauerstofflöslichkeit für eine in der Nähe des Schmelzpunktes des Metalls liegende Temperatur berechnet werden soll.

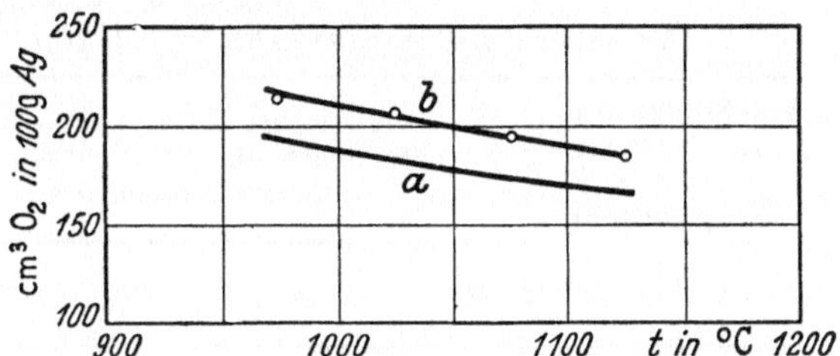

Abb. 4. Temperaturabhängigkeit der Sauerstofflöslichkeit in Silber bei 1 Atm. Sauerstoffdruck.
a berechnet nach Gl. (45),
b nach Messungen von A. SIEVERTS und J. HAGENACKER [110].

A. SIEVERTS und J. HAGENACKER [110] haben die Sauerstofflöslichkeit bei 1 Atm. Sauerstoffdruck und verschiedenen Temperaturen sowie bei konstanter Temperatur und verschiedenen Drücken gemessen. In den Tab. 34 und 35 (siehe S. 70) sind die Ergebnisse der Rechnung zusammengestellt und den experimentell ermittelten Zahlen gegenübergestellt worden. Die Abb. 3 und 4 geben graphisch das Resultat wieder.

Der Kurvenverlauf zeigt, daß die Berechnung der Sauerstofflöslichkeit in Silber sowohl für die absolute Höhe der gelösten Gasmenge als auch für ihre Temperaturabhängigkeit zu befriedigender Übereinstimmung mit dem Experiment führt. Dies läßt den Schluß zu, daß die Sauerstoffaffinität des Silbers die in Lösung gehaltene Gasmenge bestimmt. Bei der Diskussion der Frage, ob der Sauerstoff atomar oder

Tabelle 34. *Löslichkeit des Sauerstoffes in Silber bei 1075° C in Abhängigkeit vom Druck.*
Rechnung nach Gl. (45): $\Delta G^0_{1348} = 10830$; $K_{1348} = 1{,}75 \cdot 10^{-2}$ *
Messungen von A. SIEVERTS und J. HAGENACKER [110].

Von SIEVERTS u. HAGENACKER gemessene Drucke		Hierzu nach Gl. (45) berechnete Gleichgewichtskonzentrationen			Sauerstofflöslichkeit pro 100 g Silber			K aus den gemessenen Werten errechnet:
P in mm Hg	P_{Atm}	$K\sqrt{P_{O_2}}$	N_{Ag}	N_{Ag_2O}	berechnet: g O_2	berechnet: cm³ O_2	gemessen: cm³ O_2	
39	0,051	$3{,}96 \cdot 10^{-3}$	99,61	0,39	0,057	40	43,7	$1{,}89 \cdot 10^{-2}$
128	0,168	$7{,}18 \cdot 10^{-3}$	99,29	0,71	0,105	75	81,6	$1{,}96 \cdot 10^{-2}$
150	0,197	$7{,}78 \cdot 10^{-3}$	99,23	0,77	0,113	79	92,8	$2{,}07 \cdot 10^{-2}$
209	0,275	$9{,}18 \cdot 10^{-3}$	99,03	0,97	0,142	99	108,1	$2{,}05 \cdot 10^{-2}$
346	0,455	$1{,}18 \cdot 10^{-2}$	98,85	1,15	0,169	118	133,7	$1{,}99 \cdot 10^{-2}$
488	0,642	$1{,}40 \cdot 10^{-2}$	98,64	1,36	0,199	139	156,6	$1{,}97 \cdot 10^{-2}$
760	1,000	$1{,}75 \cdot 10^{-2}$	98,31	1,69	0,246	172	193,9	$1{,}98 \cdot 10^{-2}$
1203	1,582	$2{,}20 \cdot 10^{-2}$	97,89	2,11	0,307	215	247,5	$2{,}04 \cdot 10^{-2}$
							Mittelwert	$1{,}99 \cdot 10^{-2}$

Tabelle 35. *Loslichkeit des Sauerstoffes in Silber bei wechselnden Temperaturen und 1 Atm. Sauerstoffdruck.*
Rechnung nach Gl. (45).
Messungen von A. SIEVERTS und J. HAGENACKER [110].

Von SIEVERTS u. HAGENACKER gemessene Temperaturen		Hierzu nach Gl. (45) berechnete Gleichgewichtskonzentrationen				Sauerstofflöslichkeit pro 100 g Silber		
t	*T*	ΔG^0	*K*	N_{Ag}	N_{Ag_2O}	berechnet: g O_2	berechnet: cm³ O_2	gemessen: cm³ O_2
973	1246	9740	$1{,}95 \cdot 10^{-2}$	98,12	1,88	0,274	192	213,5
1024	1297	10330	$1{,}82 \cdot 10^{-2}$	98,25	1,75	0,255	179	205,6
1075	1348	10830	$1{,}75 \cdot 10^{-2}$	98,31	1,69	0,246	172	193,9
1125	1398	11350	$1{,}68 \cdot 10^{-2}$	98,38	1,62	0,236	165	184,9

als Ag_2O gelöst wird, würde dies für die letztere Auffassung sprechen. Die Untersuchungen im System $Ag-O_2$ können dann so gedeutet werden, daß unter Bedingungen, die das Oxyd beständig machen, also beim Arbeiten mit ausreichend hohem Druck, Silberoxyd im Silber weitgehend löslich ist. Nach den Untersuchungen von ALLEN kann,

* In der Rechnung zu den Beispielen wird bei K_p der Index *p* zur Vereinfachung der Schreibweise weggelassen.

wie bereits erwähnt, sogar vermutet werden, daß vollständige gegenseitige Löslichkeit besteht. Ist bei den Versuchsbedingungen das Oxyd nicht stabil, so kann trotz der vorhandenen großen Löslichkeit nur so lange Sauerstoff von der Schmelze aufgenommen werden, bis der Dissoziationsdruck des gelösten Oxydes den Außendruck bzw. den Sauerstoffpartialdruck in der Atmosphäre erreicht. Wir müssen also zwischen der Konzentration bzw. Aktivität des Oxydes und dem Druck bzw. der Aktivität des Sauerstoffes unterscheiden. Letztere Größe ist von der Affinität des Silbers zum Sauerstoff abhängig.

b) Metall-Schlacken-Gleichgewichte in den Systemen Fe-Mn-O und Fe-Si-O *.

Das eben besprochene Beispiel zeigt, daß bereits bei einem einzigen Metall das Verhalten gegenüber dem Sauerstoff zu einem verhältnismäßig komplizierten System führen kann. Dies wird noch leichter dann zutreffen, wenn mehrere Metalle gleichzeitig vorliegen, wie es in der Praxis meist der Fall ist.

Um auch für diesen Fall ein Bild von der erreichbaren Genauigkeit der Rechnung zu erhalten, ist es zweckmäßig, zunächst ein experimentell bereits eingehend bearbeitetes System zu überprüfen. Untersuchungen der Gleichgewichtsverhältnisse in Schmelzen liegen an Systemen des Typs Fe–Me–O in größerer Zahl vor. Von diesen Arbeiten sind vor allem diejenigen aus dem Kaiser Wilhelm-Institut für Eisenforschung hervorzuheben.

Zunächst soll das System Fe–Mn–O behandelt werden, welches die einfachsten Verhältnisse ergibt. Weder auf der Metallseite noch auf der Oxydseite bestehen Verbindungen zwischen den reagierenden Komponenten. Die Schmelzdiagramme lassen sogar darauf schließen, daß es sich um annähernd ideale Lösungen handelt, so daß bei Auswertung der Gleichgewichtsmessungen der Molenbruch in die Gleichgewichtskonstante eingesetzt werden kann.

Den Untersuchungen werden Messungen von F. Körber und W. Oelsen [57] zugrunde gelegt.

In Abb. 5 sind in einem $\lg K - 1/T$-Diagramm die aus den Messungen errechneten K-Werte eingetragen. Zum Unterschied von Körber und Oelsen wurde bei der Berechnung der Gleichgewichtskonstante aus den Messungen nicht der gesamte Eisengehalt auf FeO umgerechnet, da auch bei Schmelzen, die in Gegenwart von Eisen durchgeführt werden, stets ein gewisser Teil an dreiwertigem Eisen vorhanden ist. Es sei auf die Arbeit von N. L. Bowen, I. F. Schairer und E. Posnjak [10]

* Für eine kritische Stellungnahme zu diesem Beispiel bin ich Herrn Professor Dr. W. Oelsen, Clausthal, zu Dank verpflichtet.

hingewiesen, welche bei Schmelzen im System CaO–FeO–SiO_2 in Eisentiegeln auch unter Stickstoff die Gegenwart von dreiwertigem Eisen feststellen konnten. Von den Messungen von KÖRBER und OELSEN werden daher nur diejenigen Werte übernommen, bei denen zwischen den Gehalten an FeO und Fe_2O_3 unterschieden wird. Der in Abb. 5 durch Schraffur gekennzeichnete Streubereich umfaßt für K 50 Einheiten, während bei der Auswertung sämtlicher Messungen durch KÖRBER und OELSEN die Schwankungen 60 bis 80 Einheiten betragen[1].

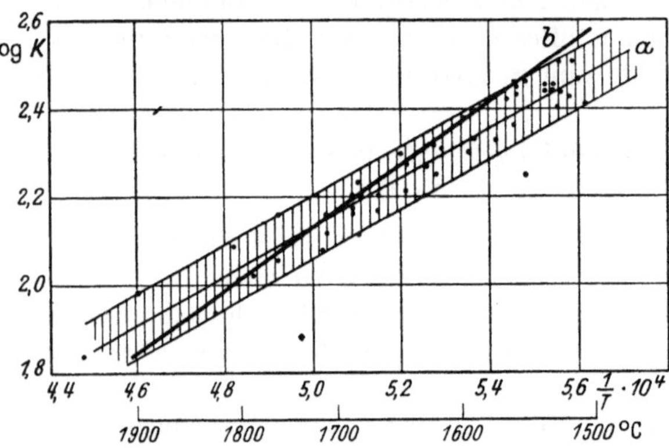

Abb. 5. Gleichgewichtskonstante der Reaktion FeO + Mn = Fe + MnO in Abhängigkeit von der Temperatur.
a nach Messungen von F. KÖRBER und W. OELSEN [57] als Mittelwert des Streubereiches (schraffiert),
b berechnet nach Gln. (109) und (175).

Zur Durchführung der Rechnung ist die Ableitung der Affinitätsgleichung für geschmolzenes Manganoxyd notwendig. Benutzt man den auf Seite 54 angegebenen geschätzten Wert von 10000 cal/Mol als Schmelzwärme von MnO, so lassen sich unter Beibehaltung des Wertes für ΔC_p folgende Gleichungen ableiten:

$$\mathrm{Mn(l)} + \tfrac{1}{2}\,\mathrm{O_2} = \mathrm{MnO(l)},$$

$$\Delta I = -84230 - 3{,}0\,T, \tag{174}$$

$$\Delta G^0 = -84230 + 6{,}91\,T \lg T - 7{,}28\,T. \tag{175}$$

Für die zu untersuchende Reaktion ergibt sich damit aus (109) und (175)

$$\mathrm{FeO(l)} + \mathrm{Mn(l)} = \mathrm{Fe(l)} + \mathrm{MnO(l)},$$

$$\Delta G^0 = -22110 + 12{,}67\,T \lg T - 40{,}56\,T.$$

Die aus dieser Gleichung errechneten Werte der Gleichgewichtskonstante liegen, wie Abb. 5 erkennen läßt, fast im gesamten Temperaturbereich innerhalb des Streubereiches der gemessenen Werte.

Die Übereinstimmung zwischen den gemessenen und berechneten Werten der Gleichgewichtskonstante ist also recht gut. Dagegen ist bei der Temperaturabhängigkeit eine Abweichung festzustellen, die zwar noch innerhalb der für das Experiment anzusetzenden Fehlergrenze liegt, aus der sich aber doch Hinweise für mögliche Fehler der Rechnung entnehmen lassen.

---

[1] Um entscheiden zu können, ob die Verkleinerung der Streuung auf die Berücksichtigung des dreiwertigen Eisens zurückzuführen ist, wäre es notwendig, auch von den übrigen Messungen den Anteil des dreiwertigen Eisens zu kennen.

Die aus den Messungen gemittelte Gerade für K und die Rechnung stimmen bei ca. 2000° K überein. Dies ist annähernd die für den Schmelzpunkt des MnO angegebene Temperatur, so daß die Rechnung bis zum Übergang vom festen MnO auf das geschmolzene Oxyd bestätigt wird. Um die Rechnung für den gesamten Temperaturbereich dem Versuchsergebnis anzupassen, wäre es notwendig, den für die Schmelzwärme des MnO geschätzten Wert auf 17000 zu erhöhen. Die fur 1600° C erhaltene Differenz zwischen den K-Werten ($K = 210$ nach dem Experiment, $K = 238$ nach der Rechnung) würde dadurch beseitigt. Eine so große Schmelzwärme ist jedoch unwahrscheinlich, so daß die Abweichung in der Temperaturabhängigkeit nur zum Teil auf die Unkenntnis der Schmelzwärme zurückgeführt werden kann.

Eine weitere Fehlerquelle liegt in der Tatsache, daß bei der Auswertung der Messungen für die Aktivitäten die molaren Konzentrationen eingesetzt wurden. Der dadurch begangene Fehler würde sich im vorliegenden Falle, in dem die Konzentrationen sämtlicher Reaktionspartner in der ersten Potenz in die Gleichgewichtskonstante eingehen, zum Teil wieder ausgleichen[1]. Ergeben sich jedoch in der Temperaturabhängigkeit der Aktivität der einzelnen Komponenten Abweichungen, so wird sich dies auch bei der Temperaturabhängigkeit der Gleichgewichtskonstante auswirken.

Von Körber und Oelsen [58] wurden Gleichgewichtsmessungen im gleichen System auch bei Gegenwart von SiO_2 durchgeführt. Bei diesen in Sandtiegeln ausgeführten Schmelzen waren Schlacke und Metall entsprechend den Gleichgewichtsverhältnissen an SiO_2 gesättigt. Die Kieselsäure kann in diesem Fall nicht als Verdünnungsmittel betrachtet werden, da sie mit den Oxyden Verbindungen bildet. Eine Verschiebung des Gleichgewichtes ist dann zu erwarten, wenn die Affinitäten von FeO und MnO zu SiO_2 verschieden groß sind. Dies ist, wie die Messungen zeigen, der Fall.

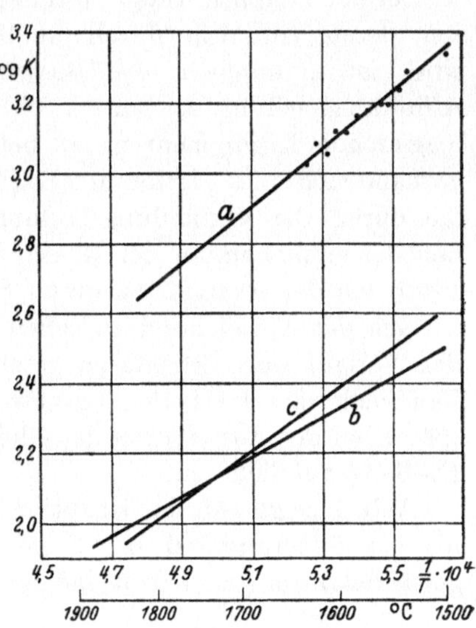

Abb. 6. Gleichgewichtskonstante der Reaktion FeO + Mn = Fe + MnO in Abhängigkeit von der Temperatur.

a bei Gegenwart von SiO_2 (Schmelzen im Sandtiegel, Schlacken an SiO_2 gesattigt),
b Schmelzen ohne Gegenwart von SiO_2 (Kurve *a* der Abb. 5),
c berechnet nach Gln. (109) und (175) (Kurve *b* der Abb. 5).

In Abb. 6 ist wieder lg K, errechnet als Mittelwert für die einzelnen, von 10 zu 10° gestaffelten Temperaturbereiche, gegen $1/T$ auf-

[1] Siehe hierzu die Ausführungen auf S. 16. Eine ausführliche Behandlung dieser Fragen geben Lewis und Randall [73].

Von Interesse ist der Vergleich mit dem vorigen Beispiel, bei dem im Gegensatz zu dieser Rechnung die Absolutwerte von K differierten, während die Temperaturabhängigkeit bei Rechnung und Experiment übereinstimmte.

getragen worden[1]. Gleichzeitig wurden auch die berechneten Zahlen sowie die Werte der ohne Gegenwart von SiO_2 durchgeführten Versuche eingezeichnet. Die Differenz ist beträchtlich. Bei 1600^0 C entspricht sie 6200 cal. Nimmt man an, daß die Bindung in der Schmelze derjenigen des Orthosilikates entspricht, so ergibt sich für die Umsetzung

$$2\,FeO \cdot SiO_2 + 2\,MnO = 2\,MnO \cdot SiO_2 + 2\,FeO\,,$$
$$\Delta G^0_{1873} = -12\,400.$$

Aus diesem Wert ist zu ersehen, daß die Affinität des Manganoxydes zur Kieselsäure wesentlich stärker ist als diejenige des Eisenoxydes. Hervorzuheben ist noch, daß sich der Abstand der beiden Kurven *a* und *c* der Abb. 6 mit steigender Temperatur nur wenig verringert. Dies läßt darauf schließen, daß die Dissoziation der beiden Silikate mit steigender Temperatur nur wenig zunimmt.

Bei der Durchführung thermodynamischer Rechnungen für Schmelzen, deren Verhalten durch die Bildung von Verbindungen beeinflußt wird, ist es möglich, das Bestehen dieser Verbindungen durch eine Affinitätsgleichung zu berücksichtigen und die Verbindungen dann als reagierende Komponenten zu betrachten. Wegen der im allgemeinen vorhandenen Dissoziation im Schmelzfluß ist es jedoch zweckmäßiger, die durch die Verbindungsbildung herabgesetzte chemische Wirksamkeit der einfachen, in der Reaktionsgleichung enthaltenen Stoffe durch Einsetzen der Aktivitäten dieser Stoffe zu berücksichtigen.

Aus der Abweichung zwischen Rechnung und Experiment kann auf den Verlauf der Aktivitäten geschlossen werden. Das im vorliegenden Fall nach dieser Überlegung gewonnene Aktivitätsdiagramm wird uns später bei der Auswertung der Gleichgewichtsmessungen für das System Fe–Si–O nützlich sein.

Abb. 7 zeigt für die Reaktion $FeO + Mn = Fe + MnO$ das Verhältnis der experimentell bei Gegenwart von SiO_2 bestimmten Gleichgewichtskonstanten K_v zu den rechnerisch ermittelten Werten K_r*.

---

[1] Fur Fe und Mn wurden wieder die Molenbrüche in die Gleichgewichtskonstante eingesetzt. Dies ist trotz des Si-Gehaltes zulassig, da die niedrigen Si-Gehalte nur zu einer prozentual geringen Verschiebung der Aktivität gegenüber dem Molenbruch fuhren, zum anderen wegen der gleichsinnigen Beeinflussung der Aktivitat von Eisen und Mangan sich diese Verschiebungen in der Gleichgewichtskonstante weitgehend wieder aufheben.

* Bei der Rechnung wurde so vorgegangen, daß im Temperaturbereich von 1530 bis 1640^0 C fur jeden einzelnen Versuch die Gleichgewichtskonstante K_r berechnet und der Quotient K_v/K_r gebildet wurde. Diese Werte wiederum wurden für einzelne Konzentrationsbereiche an MnO, die so gewahlt wurden, daß sie mindestens 4 Messungen umfaßten, zusammengefaßt. Hierbei zeigte sich, daß der auffallende Abfall der Quotienten auf der MnO-Seite (s. Abb. 7) unabhängig von der Temperatur war. Eine Erklarung fur dieses Verhalten kann nicht gegeben werden. Hierzu wäre die experimentelle Bestimmung der Mischungswärmen in den

Um den Betrag dieser Quotienten weicht das Verhältnis der Molenbrüche von MnO und FeO von dem Zahlenverhältnis der Aktivitäten ab. Die Zahlen geben somit das Verhältnis der Aktivitätskoeffizienten f_{FeO}/f_{MnO} an. Abb. 8 zeigt den nach Abb. 7 entworfenen Verlauf der Aktivitäten von MnO und FeO in an SiO_2 gesättigten Schmelzen[1].

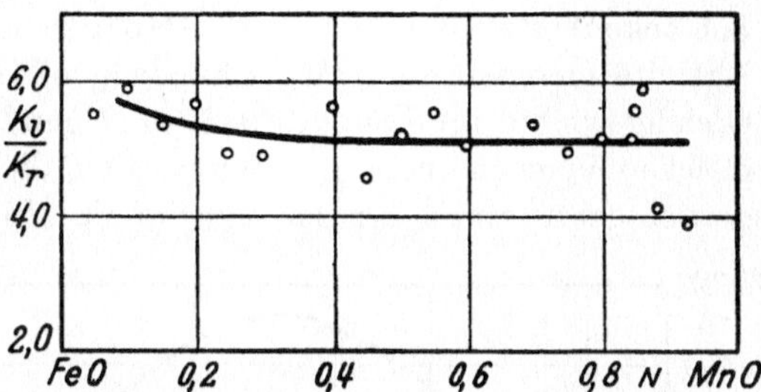

Abb. 7. Verhältnis der experimentell bei Gegenwart von SiO_2 (K_v) zu den rechnerisch ohne Berucksichtigung einer Silikatbildung ermittelten Werten (K_r) der Gleichgewichtskonstante fur die Reaktion FeO + Mn = Fe + MnO in Abhängigkeit von der Zusammensetzung der Schlacke (FeO + MnO = 1).

Bei dem in Abb. 8 eingezeichneten Maßstab für die Aktivitäten ist berücksichtigt, daß es sich um SiO_2-haltige Schmelzen handelt. Die Aktivität auf der MnO- bzw. FeO-Seite kann also nicht bis zum Wert 1 steigen. Es fehlen allerdings Anhaltspunkte dafür, auf welchen Betrag die Aktivitäten sinken. Einem SiO_2-Gehalt von ca. 50% entsprechend ist der Maßstab so gewählt worden, daß die Werte auf der MnO- bzw. FeO-Seite zu 0,5 werden[2].

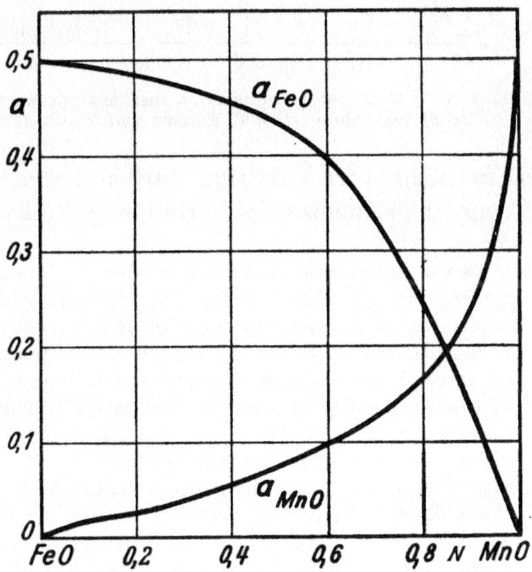

Abb. 8. Wahrscheinlicher Verlauf der Aktivitäten von FeO und MnO in an SiO_2 gesättigten Silikatschmelzen, abgeleitet aus Abb. 7.

Bei den eben durchgeführten Überlegungen wurden aus den Abweichungen zwischen Rechnung und Experiment Rückschlüsse auf das Verhalten der

---

Systemen $MnO-SiO_2$ und $FeO-SiO_2$ notwendig, aus denen die Aktivitäten berechnet werden könnten. (Siehe Anm. 1, S. 77.)

Die niedrigen Werte für K_v/K_r werden bei der in Abb. 8 gegebenen weiteren Auswertung von Abb. 7 nicht berücksichtigt.

[1] Der Krümmungssinn der Kurven für die Aktivitaten ist durch die unterschiedliche Affinität der Silikatbildung gegeben. Die Bindung zwischen MnO und SiO_2 ist stärker als die zwischen FeO und SiO_2. Dies bewirkt, daß die chemische Wirksamkeit oder mit anderen Worten der Anteil an „freiem MnO" im Verhältnis geringer ist als bei dem schwächer gebundenen FeO.

[2] Die nach dem geschilderten Verfahren ermittelten Aktivitäten für FeO und MnO in SiO_2-haltigen Schmelzen stellen sicher nicht die gesuchten absoluten Werte der Aktivitäten dar, die man z. B. bei Auswertung von Messungen der Mischungs-

Schlackenbestandteile gezogen. Daß die so erhaltenen Kurven für die Aktivitäten einen realen Wert haben[1], soll die folgende Betrachtung der Gleichgewichte im System Fe–Si–O zeigen. Zur Auswertung können die gleichen Versuche herangezogen werden, die der Berechnung der Gleichgewichtskonstanten für das System Fe–Mn–O bei Gegenwart von SiO_2 zugrunde gelegt worden waren. Hierbei muß jedoch beachtet werden, daß die Veränderung der Aktivität infolge einer Verbindungsbildung auf der Metallseite vor allem bei dem in geringen Gehalten vorliegenden Silizium nicht vernachlässigt werden kann. Die nach dem Diagramm kongruent schmelzende Verbindung FeSi zeichnet sich auch bei den

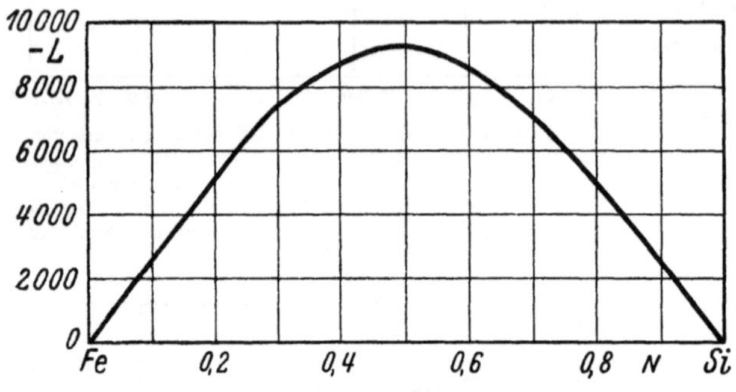

Abb. 9. Verlauf der integralen molaren Mischungswärmen im System Fe–Si bei 1600° C nach F. KÖRBER und W. OELSEN [59].

wärmen erhalten würde. Sie haben sich in diesem Fall auf Grund der Annahme ergeben, daß die Aktivität des FeO bzw. MnO in den beiden Randsystemen mit SiO_2 in den an Kieselsäure gesättigten Schmelzen gleich 0,5 gesetzt werden kann. Bei der Auswertung von Messungen der Mischungswärme wird man feststellen, daß dieses Vorgehen eine sehr grobe Schätzung darstellt. Hierauf läßt schon die Tatsache schließen, daß die Schlackenzusammensetzung bei den Gleichgewichtsmessungen von KÖRBER und OELSEN nicht der Zusammensetzung entspricht, welche sich nach dem Erstarrungsdiagramm des Systemes FeO–MnO–SiO_2 mit fester Kieselsäure im Gleichgewicht befindet. In diesem Zusammenhang wäre es notwendig zu überprüfen, wieweit an der Grenzfläche Metallschmelze — Tiegelwandung eine direkte Berührung stattfindet oder ob sich nicht eine Zwischenschicht mit einer der Schlacke entsprechenden Zusammensetzung ausbildet. KÖRBER und OELSEN haben diese Erscheinung eingehend beschrieben [Stahl u. Eisen Bd. 56 (1936) S. 186].

Bei der späteren Behandlung der Gleichgewichtsmessungen im System Fe–Si–O werden die Messungen der Mischungswärmen zur Bestimmung der Aktivitäten in der Metallphase herangezogen. Bei Kenntnis der Mischungswärmen von Oxydschmelzen könnte diese Rechnung gleichfalls für die einzelnen Oxydkomponenten durchgeführt werden und würde zu einer wichtigen Bereicherung unserer Kenntnis der Schlacken führen. Mit derartigen Messungen kommen wir dem Ziel, das Verhalten der Schlacken durch exakte Zahlen zu erfassen, wesentlich näher. Eine Schlacke wäre dann bei Kenntnis des Erstarrungsdiagrammes, der Viskosität und der Aktivität der einzelnen Schlackenbestandteile für die meisten Fälle der Praxis ausreichend gekennzeichnet.

[1] Auf Grund der Ausführungen in Anm. 2, S. 75, ist die Einschränkung zu machen, daß die Anwendbarkeit dieser Aktivitätskurven auf Schmelzen beschränkt ist, bei denen SiO_2 im Überschuß vorhanden ist.

von KÖRBER und OELSEN [59] ermittelten Mischungswärmen deutlich ab, wie Abb. 9 erkennen läßt. Nach dem Höchstwert der Mischungswärme zu urteilen, ist ein starkes Abweichen vom idealen Verhalten zu erwarten.

Es besteht nun die Möglichkeit, die Aktivität der Bestandteile einer Lösung aus den partiellen molaren Mischungswärmen abzuleiten[1].

Tab. 36 (siehe S. 78) gibt die Rechnung zur Ermittlung der Aktivität von Si im System Fe–Si bei 1600° C wieder, wobei die Messungen der Mischungswärme von KÖRBER und OELSEN zugrunde gelegt

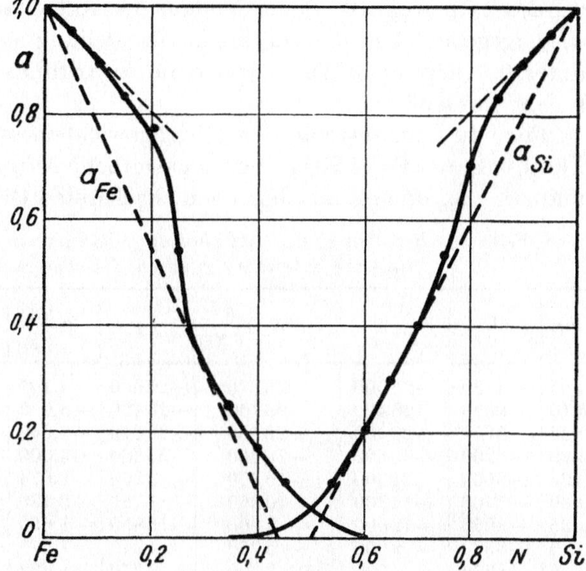

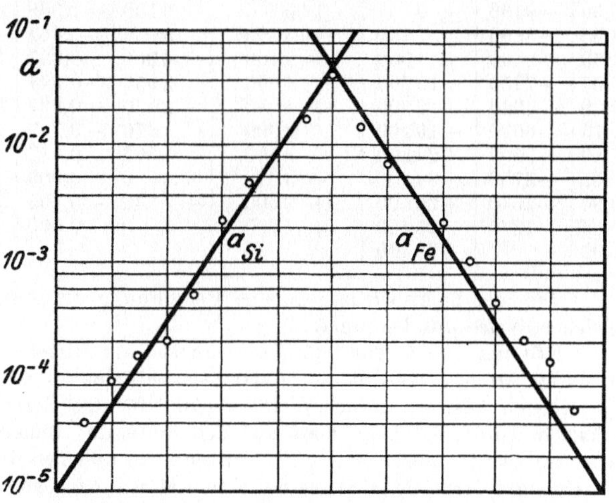

Abb. 10. Aktivitäten von Fe und Si in Fe–Si-Schmelzen bei 1600° C, errechnet aus den Mischungswarmen (linearer und logarithmischer Maßstab).

[1] Es gilt:

$$\ln \frac{a}{N} = \frac{\bar{L}}{RT}.$$

Es bedeuten a die Aktivität einer Komponente, N die molare Konzentration dieser Komponente und $\bar{L}$ ihre partielle molare Mischungswarme. Für die Berechnung der partiellen molaren Mischungswärme gilt wiederum:

$$\bar{L}_i = L + (1 - N_i) \frac{\partial L}{\partial N_i}.$$

Die Formelzeichen haben dieselbe Bedeutung wie oben. Der Index i bezeichnet den Stoff i. L ist die integrale molare Mischungswärme.

wurden[1]. In Abb. 10 ist der Verlauf der Aktivitäten im System Fe–Si wiedergegeben. Um die graphische Darstellung zu erleichtern, sind die unter 0,1 liegenden Werte von a im logarithmischen Maßstab aufgetragen worden[2].

Für die Auswertung der Gleichgewichtsmessungen zur Reaktion $2FeO + Si = 2Fe + SiO_2$ sind nun sämtliche Aktivitätskurven bekannt, und zwar a_{Fe} und a_{Si} aus dem eben abgeleiteten Diagramm und a_{FeO} aus

Tabelle 36. *Berechnung der Aktivitat des Siliziums in Schmelzen mit Eisen aus den integralen molaren Mischungswarmen.*

N_{Si}	L	$\frac{\partial L}{\partial N_{Si}}$	$(1-N_{Si})\frac{\partial L}{\partial N_{Si}}$	$\bar{L}_{Si}$	$\lg\frac{a_{Si}}{N_{Si}}$	$\frac{a_{Si}}{N_{Si}} = f_{Si}$	a_{Si}
0,05	—1330	—26600	—25270	—26600	—3,107	$7{,}82 \cdot 10^{-4}$	$3{,}91 \cdot 10^{-5}$
0,10	—2660	—26400	—23760	—26420	—3,082	$8{,}28 \cdot 10^{-4}$	$8{,}28 \cdot 10^{-5}$
0,15	—3970	—26000	—22100	—26070	—3,042	$9{,}08 \cdot 10^{-4}$	$1{,}36 \cdot 10^{-4}$
0,20	—5260	—25500	—20400	—25660	—3,000	$1{,}0 \cdot 10^{-3}$	$2{,}00 \cdot 10^{-4}$
0,25	—6500	—21000	—15760	—22260	—2,674	$2{,}12 \cdot 10^{-3}$	$5{,}30 \cdot 10^{-4}$
0,30	—7400	—14800	—10350	—17750	—2,130	$7{,}42 \cdot 10^{-3}$	$2{,}22 \cdot 10^{-3}$
0,35	—8050	—12000	— 7800	—15850	—1,850	$1{,}41 \cdot 10^{-2}$	$4{,}94 \cdot 10^{-3}$
0,40	—8580	— 9600	— 5760	—14340	—1,675	$2{,}11 \cdot 10^{-2}$	$8{,}45 \cdot 10^{-3}$
0,45	—8970	— 6000	— 3300	—12270	—1,432	$3{,}70 \cdot 10^{-2}$	$1{,}67 \cdot 10^{-2}$
0,50	—9160	± 0	± 0	— 9160	—1,068	$8{,}55 \cdot 10^{-2}$	$4{,}27 \cdot 10^{-2}$
0,55	—8850	+ 7100	+ 3190	— 5660	—0,661	$2{,}18 \cdot 10^{-1}$	$1{,}20 \cdot 10^{-1}$
0,60	—8400	+11000	+ 4400	— 4000	—0,467	$3{,}41 \cdot 10^{-1}$	$2{,}045 \cdot 10^{-1}$
0,65	—7750	+13700	+ 4800	— 2950	—0,344	$4{,}53 \cdot 10^{-1}$	$2{,}94 \cdot 10^{-1}$
0,70	—6980	+16500	+ 4950	— 2030	—0,237	$5{,}79 \cdot 10^{-1}$	$4{,}05 \cdot 10^{-1}$
0,75	—6070	+19200	+ 4800	— 1270	—0,149	$7{,}10 \cdot 10^{-1}$	$5{,}325 \cdot 10^{-1}$
0,80	—5000	+22500	+ 4500	— 500	—0,058	$8{,}75 \cdot 10^{-1}$	$7{,}00 \cdot 10^{-1}$
0,85	—3750	+24500	+ 3670	— 80	—0,009	$9{,}79 \cdot 10^{-1}$	$8{,}32 \cdot 10^{-1}$
0,90	—2540	+25000	+ 2500	— 40	—0,005	$9{,}89 \cdot 10^{-1}$	$8{,}90 \cdot 10^{-1}$
0,95	—1270	+25400	+ 1270	— 0	—0,000	$1{,}00 \cdot 10^{-1}$	$9{,}50 \cdot 10^{-1}$
1,00		+25400					

[1] Die hier nicht wiedergegebene Berechnung der Aktivität des Fe wurde in gleicher Weise durchgeführt.

[2] Körber und Oelsen [59] errechneten als Mittelwert für den Bereich von 0 bis 20 Atomprozent Si den Aktivitätskoeffizienten zu $7 \cdot 10^{-4}$, während nach der eigenen Auswertung der Wert $7{,}8 \cdot 10^{-4}$ für den Bereich von 0 bis 5 Atom-% erhalten wurde. — Legt man auf der Seite des reinen Siliziums, von dessen Aktivitätswert 1 ausgehend, eine Tangente an die Aktivitätskurve des Siliziums, so schneidet diese die Abszisse bei einem Molenbruch von 0,5 Si. In diesem Konzentrationsbereich macht sich demnach die Affinität der Verbindung FeSi stark bemerkbar. Auf der Seite des Eisens schneidet die Tangente die Abszisse bei einem Molenbruch des Si von 0,43. Die Silizide mit höherem Eisengehalt sind demnach in der Schmelze noch wirksam. Die Verschiebung dürfte vor allem auf die bei 1030° C inkongruent schmelzende Verbindung Fe_3Si_2 zurückzuführen sein.

Der Kurvenverlauf laßt erkennen, daß zunächst bei geringen Gehalten an Zusatzmetall die Aktivitat des Grundmetalles nur wenig vom Molenbruch abweicht. Erst bei höheren Gehalten an Zusatzmetall macht sich die Verbindungsbildung bemerkbar, die in dem Gebiet, in dem sich die Kurve der Tangente anschmiegt, so weit geht, daß eine Dissoziation praktisch nicht vorhanden ist. Diese tritt erst bei Gehalten in der Nähe des Molenbruchs 0,5 auf.

den für die Aktivitäten von an SiO_2 gesättigten Schmelzen abgeleiteten Kurven der Abb. 8. Für SiO_2 wird der geschätzte Wert 0,8 eingesetzt[1].

Tab. 37 (s. S. 80) gibt die für Versuch und Rechnung erhaltenen Zahlen wieder. In Abb. 11 sind sie in ein lg $K - 1/T$-Diagramm eingetragen. Die Zahlen für die Experimente wurden wieder für Temperaturintervalle von jeweils 10^0 aus den Messungen gemittelt. Es sind nur diejenigen Versuche berücksichtigt worden, bei denen der Siliziumgehalt einen Mindestwert überschreitet (0,01 bzw. 0,05 Mol-Proz.). Diese Einschränkung ist notwendig, da bei den geringeren Siliziumgehalten die Ungenauigkeit der Analyse zu erheblichen Streuungen führt. Der Vergleich der Werte *a* und *b* zeigt, daß die Übereinstimmung mit den in Kurve *c* dargestellten Rechenergebnissen bei Heraufsetzung dieser Analysengrenze günstiger wird[2].

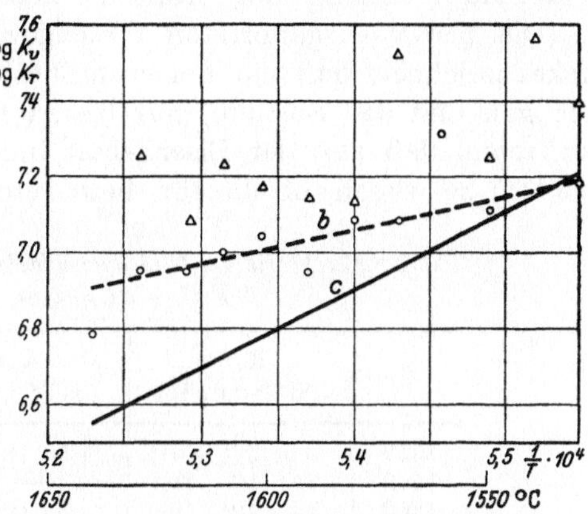

Abb. 11. Gleichgewichtskonstante der Reaktion $2\,FeO + Si = 2\,Fe + SiO_2$.

a u. b nach Messungen von KÖRBER und OELSEN [37]. Bei a wurden nur Schmelzen mit einem Si-Gehalt im Metall von uber 0,01 Atom-%, bei b von uber 0,05 Atom-% berucksichtigt,

c berechnet aus den Gln. (109) und (163).

a K_v (Si $\geqq$ 0,01%) Δ

b K_v (Si $\geqq$ 0,05%) ○ — — — —

c K_r ————

[1] Bei der Abschätzung des Wertes der Aktivität für die in der Schlackenphase gelöste Kieselsäure ist zu berücksichtigen, daß bei der Ableitung der Affinitätsgleichung mit geschmolzenem SiO_2 gerechnet wurde. Diese reine, geschmolzene Kieselsäure ist also als der Normalzustand festgelegt worden und besitzt demnach die Aktivität 1, unabhängig davon, ob SiO_2 bei der fraglichen Temperatur noch flüssig ist oder nur im unterkühlten Zustand als Schmelze vorliegen könnte. Die Aktivität der festen Kieselsäure und damit auch die in einer mit fester SiO_2 im Gleichgewicht stehenden Schmelze ist demnach kleiner als 1. Anhaltspunkte für den tatsächlich einzusetzenden Wert fehlen vollständig. Es ist anzunehmen, daß der auf 0,8 geschätzte Wert eher zu hoch als zu niedrig liegt.

[2] Trägt man die für die einzelnen Versuche ermittelten Gleichgewichtskonstanten in Abhängigkeit vom Si- bzw. FeO-Gehalt der Schmelze in ein Diagramm ein, so findet man, daß die Abweichung nicht nur auf die Ungenauigkeit der Analyse zurückgeführt werden kann. Im ersteren Fall, also beim Auftragen von K über dem Si-Gehalt, steigen die K-Werte bei einem Si-Gehalt unter 0,05% gleichmäßig an. Dies würde bedeuten, daß der Aktivitätskoeffizient des Siliziums bei diesen niedrigen Gehalten wieder zunimmt, die Abweichungen vom idealen Verhalten also geringer werden. Beim Auftragen von K über FeO nimmt K, in diesem Fall mit einem größeren Streubereich, bei einem FeO-Anteil von über 0,5 ($FeO + MnO = 1$) stetig zu. Es fehlen z. Z. noch Anhaltspunkte für eine eindeutige Erklärung dieser systematischen Abweichung.

Mit steigender Temperatur wird die Abweichung zwischen der experimentell und der rechnerisch ermittelten Gleichgewichtskonstante immer größer, und zwar in dem Sinne, daß die Aktivität des Siliziums bei Temperaturerhöhung zunimmt. Dies bedeutet, daß die Affinität der Verbindungsbildung und damit die Mischungswärme abnimmt [1, 2].

Die bisher ausgewerteten Gleichgewichtsmessungen sind dadurch gekennzeichnet, daß die Legierungsbestandteile der Metallphase, das Mangan und das Silizium, nur bis zu Gehalten von ca. 1,5 Gew.-% auftreten, daß also der Eisengehalt immer sehr hoch ist. Es ist nun wichtig zu wissen, ob die für diese verdünnten Lösungen festgestellte

Tabelle 37. *Werte der Gleichgewichtskonstante für die Reaktion* $2\,FeO + Si = 2\,Fe + SiO_2$.

t	K_v* (Si $\geqq$ 0,01%)	K_v* (Si $\geqq$ 0,05%)	K_r**
1530	$2{,}5 \cdot 10^7$ (9)	$1{,}5 \cdot 10^7$ (4)	$1{,}6 \cdot 10^7$
1540	$3{,}7 \cdot 10^7$ (2)	—	$1{,}4 \cdot 10^7$
1550	$1{,}8 \cdot 10^7$ (9)	$1{,}3 \cdot 10^7$ (6)	$1{,}2 \cdot 10^7$
1560	$2{,}1 \cdot 10^7$ (2)	$2{,}1 \cdot 10^7$ (2)	$1{,}0 \cdot 10^7$
1570	$2{,}8 \cdot 10^7$ (6)	$1{,}2 \cdot 10^7$ (4)	$0{,}90 \cdot 10^7$
1580	$1{,}4 \cdot 10^7$ (7)	$1{,}2 \cdot 10^7$ (6)	$0{,}79 \cdot 10^7$
1590	$1{,}4 \cdot 10^7$ (5)	$0{,}9 \cdot 10^7$ (4)	$0{,}68 \cdot 10^7$
1600	$1{,}5 \cdot 10^7$ (11)	$1{,}1 \cdot 10^7$ (9)	$0{,}60 \cdot 10^7$
1610	$1{,}7 \cdot 10^7$ (6)	$1{,}0 \cdot 10^7$ (3)	$0{,}52 \cdot 10^7$
1620	$1{,}2 \cdot 10^7$ (5)	$0{,}9 \cdot 10^7$ (4)	$0{,}46 \cdot 10^7$
1630	$1{,}8 \cdot 10^7$ (3)	$0{,}9 \cdot 10^7$ (2)	$0{,}40 \cdot 10^7$
1640	$0{,}6 \cdot 10^7$ (1)	$0{,}6 \cdot 10^7$ (1)	$0{,}35 \cdot 10^7$

Übereinstimmung zwischen Rechnung und Experiment auch für konzentrierte Lösungen gilt. Erst dann ist der Wert der Aktivität als derjenigen Größe, welche die Anwendung der thermodynamischen Rechnung auch auf komplizierte metallurgische Systeme ermöglicht, erwiesen. F. Körber und W. Oelsen [59] führten derartige Gleichgewichtsmessungen, wiederum in Sandtiegeln, für Siliziumgehalte von 1,5 bis 18,6 Gew.-% und für Mangangehalte von 1,7 bis 79,8 Gew.-%

[1] Von einer quantitativen Auswertung wird abgesehen, da die mit steigender Temperatur zunehmende Dissoziation sowohl in der Schlacken- als auch in der Metallphase zu beobachten sein wird. Aus dem Kurvenverlauf in Abb. 11 ist jedoch zu schließen, daß die Zunahme der Dissoziation in der Metallphase größer ist. Um Zahlen ermitteln zu können, wäre es notwendig, daß die Mischungswärmen im System Fe–Si auch für eine höhere Temperatur als 1600° C bekannt sind.

[2] Siehe Anm. 2, S. 79.

* K_v errechnet aus Messungen von Körber und Oelsen [58] im System Fe–Mn–Si–O unter Ausschaltung der Versuche mit einem Si-Gehalt unter 0,01 bzw. 0,05 Atom-%. Höchster Si-Gehalt 2,3 Atom-%. Die Zahlen in Klammer geben die Zahl der Versuche an, aus denen der Wert für K gemittelt wurde.

** K_r berechnet aus den Gln. (109) und (163).

Tabelle 38. *Auswertung von Gleichgewichtsmessungen im System Fe–Si–Mn–O mit hohen Gehalten an Si und Mn für die Reaktionen* $2\,FeO + Si = 2\,Fe + SiO_2$ *und* $FeO + Mn = Fe + MnO$.

Nr.[1]	Zusammensetzung					Aktivität und Aktivitätskoeffizient				t	Gleichgewichtskonstante für die Reaktion[5]				
	Metall[2]			Schlacke[3]		Metall		Schlacke[4]			$2\,FeO + Si = 2\,Fe + SiO_2$			$FeO + Mn = Fe + MnO$	
	Si	Mn	Fe (Rest)	FeO	MnO	a_{Si}	$f_{Fe} = f_{Mn}$*	a_{FeO}	a_{MnO}		K_v n. dies. Tab.	K_v n. Tab. 36	K_r	K_v n. dies. Tab.	K_r
1037	14,1	10,5	75,4	1,4	98,6	$1{,}1 \cdot 10^{-4}$	0,99	0,017	0,44	1555	$1{,}4 \cdot 10^7$	$1{,}3 \cdot 10^7$	$1{,}2 \cdot 10^7$	190	305
1036	8,3	4,8	86,9	1,8	98,2	$4{,}2 \cdot 10^{-5}$	0,99	0,023	0,42	1565	$2{,}7 \cdot 10^7$	$2{,}1 \cdot 10^7$	$1{,}0 \cdot 10^7$	330	290
582	4,3	2,7	93,0	3,0	97,0	$2{,}1 \cdot 10^{-5}$	1,00	0,038	0,38	1570	$2{,}3 \cdot 10^7$	$1{,}2 \cdot 10^7$	$0{,}9 \cdot 10^7$	340	275
583	5,8	4,4	89,8	4,2	95,8	$2{,}7 \cdot 10^{-5}$	1,00	0,052	0,33	1580	$0{,}9 \cdot 10^7$			130	
641	11,3	7,5	81,2	1,9	98,1	$6{,}9 \cdot 10^{-5}$	0,99	0,024	0,42	1580	$1{,}3 \cdot 10^7$	$1{,}2 \cdot 10^7$	$0{,}8 \cdot 10^7$	190	260
1244	22,8	22,2	55,0	0,8	99,2	$5{,}0 \cdot 10^{-4}$	0,91	0,011	0,46	1585	$0{,}3 \cdot 10^7$			100	
1615	17,2	13,8	69,0	1,0	99,0	$1{,}9 \cdot 10^{-4}$	0,97	0,012	0,45	1595	$1{,}3 \cdot 10^7$	$0{,}9 \cdot 10^7$	$0{,}7 \cdot 10^7$	190	250
1194	8,8	5,0	86,2	2,1	97,9	$4{,}5 \cdot 10^{-5}$	0,99	0,026	0,41	1605	$1{,}9 \cdot 10^7$	$1{,}1 \cdot 10^7$	$0{,}6 \cdot 10^7$	270	240
643	25,8	44,2	30,0	0,6	99,4	$8{,}4 \cdot 10^{-4}$	0,67	0,007	0,47	1615	$0{,}07 \cdot 10^7$	$1{,}0 \cdot 10^7$	$0{,}5 \cdot 10^7$	46	225
640	11,9	5,8	82,3	2,1	97,9	$7{,}5 \cdot 10^{-5}$	0,99	0,027	0,41	1650	$1{,}0 \cdot 10^7$	$0{,}6 \cdot 10^7$	$0{,}35 \cdot 10^7$	270	185

[1] Nach Versuchen von Körber und Oelsen [59].

[2] Zahlen in Atomprozenten.

[3] $FeO + MnO = 100$ gesetzt.

* Der Aktivitätskoeffizient wurde nach der Kurve für a_{Fe} der Abb. 10 unter der Annahme berechnet, daß sich Fe und Mn gleich verhalten, der Molenbruch zur Ermittlung von f demnach aus der Summe der Gehalte an Fe und Mn zu errechnen ist.

[4] Die Werte fur a wurden der Abb. 8 entnommen.

[5] Die Gleichgewichtskonstanten haben die Form $K = \frac{N_{Fe}^2 f_{Fe}^2 a_{SiO_2}}{a_{FeO}^2 a_{Si}}$ bzw. $K = \frac{N_{Fe}\, a_{MnO}}{a_{FeO}\, N_{Mn}}$.

durch. Tab. 38 (siehe S. 81) gibt die Auswertung derjenigen Schmelzen wieder, bei denen der FeO-Gehalt in der Schlacke ermittelt wurde.

Bei der Auswertung der Zahlen für das System Fe–Si–O wurden die Aktivitäten von Fe und Si der Abb. 10, die Aktivität von FeO der Abb. 8 entnommen, während für SiO_2 wieder der Wert 0,8 eingesetzt wurde. Unter Berücksichtigung der Ungenauigkeit der für die Schlacke

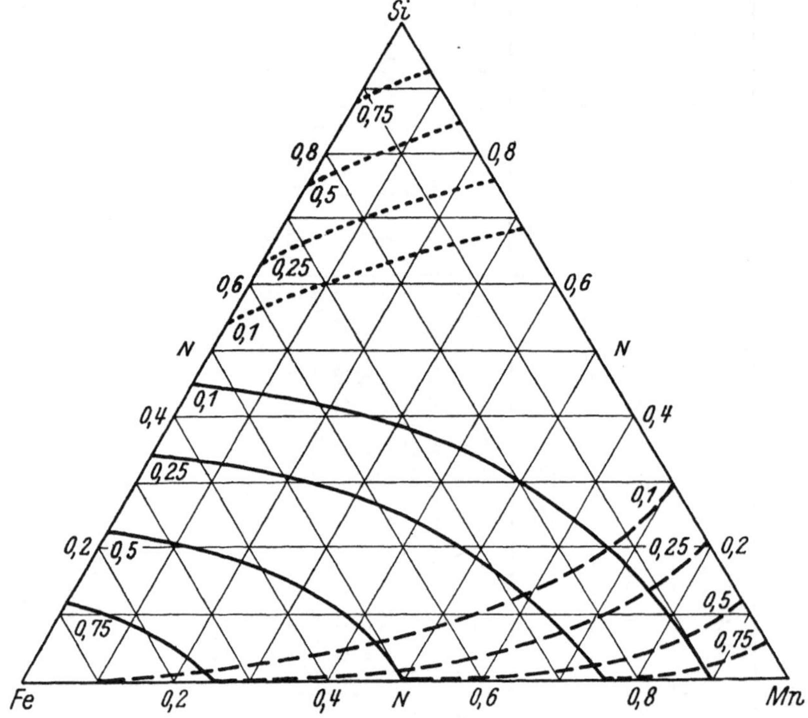

Abb. 12. Verlauf der Aktivitäten in Schmelzen des Systems Fe–Mn–Si (schematische Darstellung, abgeleitet aus Messungen von F. Korber und W. Oelsen [57; 58; 59]).

a_{Fe} ——— a_{Mn} – – – – a_{Si} ··········

ermittelten niedrigen FeO-Gehalte ist die Übereinstimmung gut. Lediglich bei hohen Mn-Gehalten liegt der aus den Versuchsergebnissen errechnete K-Wert für die Reaktion $2\,FeO + Si = 2\,Fe + SiO_2$ wesentlich niedriger als bei den thermodynamisch errechneten Zahlen. Dies ist darauf zurückzuführen, daß mit steigendem Gehalt an Mangan der Aktivitätskoeffizient des Eisens immer stärker beeinflußt wird. Es muß gefolgert werden, daß die Affinität der Verbindungsbildung im System Mn–Si größer ist als im System Fe–Si, so daß der Anteil an reaktionsfähigem Eisen gegenüber der in Abb. 10 angegebenen Kurve zunimmt.

Diese Auslegung wird bei Auswertung der Zahlen für das System Fe–Mn–O bestätigt. Durch die größere Affinität von Mn zu Si muß die Aktivität des Mn niedriger liegen, als es nach der bei Aufstellung der Tab. 38 gemachten Annahme, daß sie derjenigen des Fe gleichzusetzen wäre, der Fall ist. Die Werte der Gleichgewichtskonstante müssen demnach mit zunehmenden Mangangehalten zu niedrig ausfallen. Dies ist, wie insbesondere die Versuche 1244 und 643 zeigen, auch der Fall. Leider fehlen Messungen der Mischungswärmen im System Mn–Si vollständig, so daß eine Kontrolle der gezogenen Schlußfolgerungen nicht möglich ist. In Abb. 12 ist unter Berücksichtigung der in Tab. 38 angegebenen Zahlen der Verlauf der Aktivität im System Fe–Mn–Si schematisch dargestellt worden.

c) Die Gewinnung von reinem Aluminium durch Reduktion von Tonerde mit Kohle.

Zur Zeit besteht noch keine Klarheit darüber, welche Verbindungen des Aluminiums bei den für die thermische Reduktion in Frage kommenden Temperaturen beständig sind. Nach E. Baur und R. Brunner [6] sollen nicht die bekannten Verbindungen Al_2O_3 und Al_4C_3, sondern zwei Verbindungen mit den Formeln Al_8O_9 und Al_9C_3 mit Aluminium im Gleichgewicht stehen. Über die Existenz der Verbindung AlO ist mehrfach diskutiert worden. Anhaltspunkte über den Stabilitätsbereich derartiger Verbindungen fehlen jedoch, so daß im Rahmen dieser Arbeit lediglich mit Al_2O_3 und Al_4C_3 gerechnet wird. Da im Falle der Existenz der vernachlässigten Verbindungen die Umwandlungstemperaturen in der Nähe des in dieser Untersuchung behandelten Temperaturbereiches liegen werden, zum anderen bei der Aufstellung der Affinitätsgleichung von Al_2O_3 Gleichgewichtsmessungen bei diesen Temperaturen verwertet wurden, bleibt der mögliche Fehler in Grenzen, welche den Wert der qualitativen Aussage der Rechnung nicht beeinflussen.

Wegen der Unsicherheit der Zahlen wird davon abgesehen, für das Oxyd und das Karbid auf den schmelzflüssigen Zustand umzurechnen, während dies beim Aluminium wegen des weit unter den Reduktionstemperaturen liegenden Erstarrungspunktes notwendig ist.

Für die Rechnung fehlen noch die Gleichungen von Aluminiumkarbid. Diese wurden bereits von K. K. Kelley [50] abgeleitet, dessen Rechnung allerdings auf Grund neuerer Messungen der Bildungsenthalpie von Aluminiumoxyd und Aluminiumkarbid [101; 112] überholt ist.

Gleichgewichtsmessungen an der Reaktion $2\,Al_2O_3 + 9\,C = Al_4C_3 + 6\,CO$ wurden von C. H. Prescott jr. und W. B. Hincke [85] sowie von R. Brunner [13] durchgeführt. Die von diesen hieraus abgeleiteten Zahlen für die Bildungsenthalpie des Karbides weichen jedoch von den letzten, durch kalorimetrische Messungen bestimmten Werten von W. A. ROTH und Mitarbeitern [97] noch erheblich ab, wie aus der in Tab. 39 gegebenen Zusammenstellung hervorgeht.

Die Differenz kann nur zum Teil auf die fehlende Kenntnis der spezifischen Wärmen zurückgeführt werden. Ein Unterschied im Werte der Bildungsenthalpie von 60000 cal würde, falls die Umrechnung mit Hilfe der spezifischen Wärmen die Fehlerursache sein sollte, eine Abweichung des ΔC_p-Wertes von 35 Einheiten bedeuten. Die Vernachlässigung einer Schmelzwärme kann nach den Untersuchungen von BAUR und BRUNNER [6], nach denen das System Al_2O_3 — Al_4C_3 bei 2000^0 C eutektisch erstarrt, ebenfalls nicht die Ursache sein.

Tabelle 39.

Übersicht über die bisher für die Bildungsenthalpie von Al_4C_3 angegebenen Werte.

ΔI_{298}*	Bestimmungsmethode	Autoren	Jahreszahl der Veröffentlichg.
—257200	Verbrennen von Al_4C_3 in der kalorimetrischen Bombe	BERTHELOT (zit. in [66])	1901
—100500	Gleichgewicht 2 Al_2O_3 + 9 C = Al_4C_3 + 6 CO	C. H. PRESCOTT u. W. B. HINCKE [85]	1927
—146400	Gleichgewicht 2 Al_2O_3 + 9 C = Al_4C_3 + 6 CO	R. BRUNNER [13]	1932
—254000 bzw. —255100	Verbrennen von Al_4C_3 in der kalorimetrischen Bombe	L. WÖHLER u. K. HOFER [129]	1933
— 32600	Verbrennen von Al_4C_3 in der kalorimetrischen Bombe	A. MEICHSNER u. W. A. ROTH [81]	1934
— 43500	Verbrennen von Al_4C_3 in der kalorimetrischen Bombe Verbrennungswärme des Al_4C_3 von —1047600 auf —1036700 korrigiert	W. A. ROTH, U. WOLF u. O. FRITZ [97]	1940
— 63200 (hohe Temp.)	Gleichgewicht 4 AlN + 3 C = Al_4C_3 + 2 N_2	S. SATOH [101]	1937

Die verhältnismäßig gute Übereinstimmung, die in dieser Arbeit bei der Behandlung des Aluminiumoxydes zwischen den kalorimetrisch bestimmten Werten und den Gleichgewichtsmessungen erzielt wurde, sollte vermuten lassen, daß auch die Messungen an der Reaktion $2\,Al_2O_3 + 9\,C = Al_4C_3 + 6\,CO$ einigermaßen zutreffende Werte für die Enthalpie ergeben. Andererseits geht das Kohlenoxyd in der sechsten Potenz in die Gleichgewichtskonstante ein, so daß kleine Fehler der Druckmessungen bereits zu erheblichen Abweichungen von K führen. Die Temperaturmessungen bei diesen hohen Temperaturen werden außerdem eine weitere Fehlerquelle darstellen. Diese Vorbehalte werden bestätigt, wenn man die aus den Gleichgewichtsmessungen von BRUNNER [13] ableitbaren Daten von ΔG und ΔI auf Raumtemperatur umrechnet. Für die Bildung des Karbids erhält man einen Wert für den Ausdruck $\Delta I - \Delta G^0 = T\,\Delta S$, der zu einem unmöglich niedrigen Wert für die Entropie des Karbids führt. Bei einer niedriger angenommenen Bildungsenthalpie von — 80000 cal/Mol für das Karbid, die sich unter Vernachlässigung der in Tab. 39 aufgeführten abnormal hohen Zahlen etwa als Mittelwert ergeben würde, erhalt man für ΔG^0 — 71400. Hieraus läßt sich unter Verwendung

* Sämtliche Zahlen sind nach dem neuesten Wert für Al_2O_3 korrigiert.

der bereits angegebenen Entropiewerte für Aluminium und Graphit die Entropie des Aluminiumkarbids zu 2,2 errechnen. Dieser Wert ist gleichfalls viel zu niedrig. Bei der von ROTH [59] angegebenen Zahl von — 50000, die unter Verwendung einer älteren Bestimmung der Bildungsenthalpie von Al_2O_3 errechnet wurde, ergibt sich die Entropie des Karbides zu 15,3. Aus der für die eigene Rechnung (siehe Tab. 40) übernommenen, nach dem neuesten Wert für Al_2O_3 korrigierten Bildungsenthalpie für Al_4C_3 (siehe Tab. 39) erhält man $S_{298} = 16{,}0$. Für die Integrationskonstante wurde dabei der Mittelwert aus den beiden Meßreihen eingesetzt, von denen die BRUNNERsche Untersuchung den Vorzug einer größeren Stetigkeit der

Tabelle 40. $2\,Al_2O_3 + 9\,C = Al_4C_3 + 6\,CO$.

T	P_{CO}	$\frac{\Delta G^0}{T}$	$+9{,}74 \lg T$	$-1{,}92 \cdot 10^{-3}\,T$	$-0{,}68 \cdot 10^{-6}\,T^2$	Σ	$\frac{600\,990}{T}$	Z
			Messungen von R. BRUNNER [13].					
1853	0,026	43,37	31,81	—3,56	—2,34	69,28	324,32	—255,04
1933	0,068	31,98	31,99	—3,71	—2,54	57,72	310,91	—253,19
2013	0,147	22,83	32,18	—3,87	—2,76	48,38	298,55	—250,17
2093	0,308	14,05	32,33	—4,02	—2,98	39,38	287,14	—247,76
2139	0,457	9,35	32,42	—4,11	—3,11	34,55	280,96	—246,41
2173	0,610	5,89	32,49	—4,18	—3,21	30,99	276,57	—245,58
2219	0,878	1,56	32,58	—4,26	—3,34	26,54	270,83	—244,29
2253	1,184	—2,01	32,67	—4,33	—3,45	22,88	266,75	—243,87
							Mittelwert	—248,29
			Messungen von PRESCOTT und HINCKE [85].					
2293	1,122	—1,37	32,72	—4,40	—3,57	23,38	262,10	—238,72
2248	0,668	4,81	32,63	—4,31	—3,43	29,70	267,34	—237,64
2237	2,288	—9,92	32,62	—4,30	—3,40	15,00	268,65	—253,65
2224	0,441	9,76	32,58	—4,27	—3,36	34,71	270,23	—235,52
2183	0,746	3,49	32,50	—4,19	—3,24	28,56	275,30	—246,74
2138	0,484	8,66	32,42	—4,11	—3,10	33,87	281,09	—247,22
2137	1,222	—2,39	32,41	—4,10	—3,09	22,83	281,23	—258,40
2071	0,144	23,09	32,28	—3,98	—2,91	48,48	290,19	—241,71
2030	0,2193	18,09	32,18	—3,90	—2,80	43,57	296,05	—252,48
2030	0,1308	24,25	32,17	—3,89	—2,79	49,74	296,05	—246,31
1987	0,0731	31,18	32,11	—3,82	—2,68	56,79	302,45	—245,06
1967	0,0376	39,12	32,08	—3,78	—2,63	64,79	305,54	—240,75
							Mittelwert	—245,40

Z-Werte bei stark abweichender Temperaturabhängigkeit, also abweichendem Wert für ΔI_0 hat, während die Messungen von PRESCOTT und HINCKE stark streuende Werte ohne erkennbare Abweichungen von ΔI_0 ergeben. Nach K. K. KELLEY [50] beträgt die Entropie des Karbides 25,0, während im Taschenbuch von D'ANS-LAX [2] 26,3 angegeben wird. Die Differenz zum Wert der eigenen Rechnung ist noch erheblich. Ihre Beseitigung ist erst nach einer weiteren Verbesserung der Daten des Karbides möglich.

Die nach einer Gleichung von SATOH [101] auf 1 Mol umgerechnete spezifische Wärme des Karbides beträgt:

$$Al_4C_3(s) : C_p = 32{,}83 + 30{,}50 \cdot 10^{-3}\,T - 4{,}09 \cdot 10^{-6}\,T^2.$$

Die folgenden Gleichungen stellen das Ergebnis der in Tab. 40 wiedergegebenen Auswertung dar.

$$4\,Al(s) + 3\,C\,(\beta\text{-Gr.}) = Al_4C_3(s),$$

$$\Delta I = -44380 + 5{,}62\,T + 4{,}88\cdot 10^{-3}\,T^2 - 1{,}36\cdot 10^{-6}\,T^3 - 3{,}51\cdot 10^5\,T^{-1}, \qquad (176)$$

$$\Delta G^0 = -44380 - 12{,}95\,T\lg T - 4{,}88\cdot 10^{-3}\,T^2 + 0{,}68\cdot 10^{-6}\,T^3 - 1{,}75\cdot 10^5\,T^{-1} + 53{,}4\,T, \qquad (177)$$

$$\Delta I_{298} = -43500, \qquad \Delta G^0_{298} = -39460, \qquad \Delta S_{298} = -15{,}07.$$

$$4\,Al(l) + 3\,C\,(\beta\text{-Gr.}) = Al_4C_3(s),$$

$$\Delta I = -52350 - 3{,}18\,T + 11{,}32\cdot 10^{-3}\,T^2 - 1{,}36\cdot 10^{-6}\,T^3 - 3{,}51\cdot 10^5\,T^{-1}, \qquad (178)$$

$$\Delta G^0 = -52350 + 7{,}32\,T\lg T - 11{,}32\cdot 10^{-3}\,T^2 + 0{,}68\cdot 10^{-6}\,T^3 - 1{,}75\cdot 10^5\,T^{-1} + 7{,}6\,T. \qquad (179)$$

Es sind nun alle thermodynamischen Gleichungen bekannt, um sämtliche bei der Tonerdereduktion möglichen Reaktionen überprüfen zu können. Dies sind folgende:

a) $4\,Al(l) + 3\,C\,(\beta\text{-Gr.}) = Al_4C_3$,

b) $2\,Al_2O_3 + 9\,C\,(\beta\text{-Gr.}) = Al_4C_3 + 6\,CO$,

c) $Al_2O_3 + 3\,C\,(\beta\text{-Gr.}) = 2\,Al(l) + 3\,CO$,

d) $Al_2O_3 + Al_4C_3 = 6\,Al(l) + 3\,CO$.

Bei Reaktion a) liegt nach Gl. (179) das Gleichgewicht im gesamten zu untersuchenden Temperaturbereich stark auf der rechten Seite. Die gleichzeitige Gegenwart von Aluminium und Kohlenstoff führt also, sofern die Reaktionszeit ausreicht, stets zur Bildung des Karbides. Hierauf ist bei Betrachtung der weiteren Reaktionen besonders zu achten.

Die Affinitätsgleichung der Reaktion b) wurde bei der Auswertung der Gleichgewichtsmessungen bereits abgeleitet.

$$2\,Al_2O_3 + 9\,C\,(\beta\text{-Gr.}) = Al_4C_3 + 6\,CO,$$

$$\Delta G^0 = 600990 - 9{,}74\,T\lg T + 1{,}92\cdot 10^{-3}\,T^2 + 0{,}68\cdot 10^{-6}\,T^3 - 246{,}8\,T. \qquad (180)$$

Nach dieser Gleichung wird bei 2210° K oder rund 1940° C ΔG^0 gleich Null und damit $K = 1$. Da nach den Untersuchungen von Baur und Brunner [6] bei dieser Temperatur noch kein Schmelzen eintritt, außerdem die gegenseitige Löslichkeit von Oxyd und Karbid im festen Zustand gering sein wird, erreicht bei dieser Temperatur der Reaktionsdruck des Kohlenoxydes eine Atmosphäre. Nach den Messungen von Brunner liegt diese Temperatur bei 1960°. Die Temperaturabweichung ist also wesentlich geringer, als es die Differenzen bei der Ableitung der Affinitätsgleichung erwarten ließen. Aus den Messungen von Prescott und Hincke ergibt sich unter Berücksichtigung der in Tab. 40 getroffenen Mittelwertbildung eine Temperatur von 1920° C.

Bei weiterer Temperatursteigerung setzt allmählich auch Reaktion c) ein, für die man aus (39) und (49) folgende Gleichung erhält:

$$Al_2O_3 + 3\,C\,(\beta\text{-Gr.}) = 2\,Al(l) + 3\,CO,$$

$$\Delta G^0 = 326670 - 8{,}53\,T\lg T + 6{,}62\cdot 10^{-3}\,T^2 - 127{,}21\,T. \qquad (181)$$

Für diese Gleichung wird bei 2326° K oder rund 2050° C $\Delta G^0 = 0$. Das führt nur dann zu einem Kohlenoxyddruck von 1 Atm., wenn Aluminium und Aluminiumoxyd als getrennte Bodenkörper vorliegen. Dies ist aber nicht der Fall. Aluminium und Tonerde sind bei diesen Temperaturen ineinander löslich und können in der Gleichgewichtskonstante nicht mehr mit der Konzentration 1 eingesetzt werden[1]. Inlösunggehen von Aluminium bedeutet eine Erhöhung des Kohlenoxyddruckes und damit eine Erniedrigung der für einen Reaktionsdruck von einer Atmosphäre nötigen Temperatur, gelöste Tonerde umgekehrt eine Erniedrigung des CO-Druckes und Erhöhung der Temperatur[2].

Bei der für das Einsetzen der Reaktion c) errechneten Temperatur beträgt der Gleichgewichtsdruck der Reaktion b) ca. 7 Atmosphären. Wie weit nun im Vergleich zur Aussage der errechneten Affinitätszahlen die Reaktionsgeschwindigkeiten von b) und c) die Bedeutung dieser beiden Reaktionen beim praktischen Versuch ändern, läßt sich nur schwer abschätzen. Der Reaktionsmechanismus verläuft anders, als aus den Bruttoformeln zu entnehmen ist. Wir kennen jedoch die einzelnen Reaktionsstufen nicht, die bei der gesamten Umsetzung durchlaufen werden.

Für den Ablauf der Reaktion c) ist zu beachten, daß Aluminium bei den in Frage kommenden Temperaturen bereits einen erheblichen Dampfdruck besitzt. Die Rechnung muß also auch für den Fall durchgeführt werden, daß sich Aluminiumdampf bildet. Für den Siedepunkt liegen noch keine sicheren Zahlen vor. Eucken [25] gibt 2770° K an, während Kelley [46] mit 2330° K einen erheblich niedrigeren Wert anführt. Die Verdampfungswärmen wurden von beiden Autoren zu 69600 bzw. 61022 cal/Mol errechnet. Für die eigene Rechnung werden

---

[1] Bei der Ableitung der Gleichung für die freie Enthalpie wurde im vorliegenden Fall nicht berücksichtigt, daß Aluminiumoxyd und Aluminiumkarbid im flüssigen Zustand vorliegen können. Wie bereits ausgeführt, bleibt der dadurch begangene Fehler innerhalb der durch die Unsicherheit der Daten gegebenen Fehlergrenze. Dies gilt allerdings nur dann, wenn die Rechnung in einem nahe der Schmelztemperatur liegenden Temperaturbereich durchgeführt wird. Behandeln die Rechnungen ein größeres Temperaturintervall, so darf die Schmelzwärme nicht außer acht gelassen werden. (Siehe Ableitung der Affinitätsgleichung für Al_2O_3, S. 26f.) Dagegen ist es nicht zulässig, die Tatsache zu vernachlässigen, daß auf Grund des eintretenden Schmelzens die bisher getrennt vorgelegenen Bodenphasen sich ineinander lösen. Die Gleichgewichtsverschiebung, die durch Inlösunggehen einer Phase gegeben ist, wird vor allem dann, wenn die Konzentration in einer höheren Potenz in die Gleichgewichtskonstante eingeht, erheblich sein.

[2] Tritt gleichzeitig mit Ablauf der Reaktion c) Karbidbildung ein, so wird im vorliegenden Falle das Gleichgewicht verschoben. Bis zum Eintreten der Reaktion d) kann zwar das Aluminiumkarbid als Verdünnungsmittel für die Bodenphase betrachtet werden, jedoch werden, da Aluminium und Aluminiumoxyd mit verschiedener Potenz in der Gleichgewichtskonstante stehen, ihre Konzentrationen durch Auflösen von Karbid nicht im gleichen Verhältnis verandert. Bei niedrigen Karbidgehalten kann dieser Einfluß vernachlässigt werden.

als ungefähre Mittelwerte der Siedepunkt zu 2600° K und die zugehörige Wärmetönung zu 65000 cal/Mol angenommen. Da sich Aluminiumdampf wie ein ideales, einatomiges Gas verhalten wird, kann die spezifische Wärme gleich 5,0 gesetzt werden. Am Siedepunkt ist $\Delta G^0 = 0$. Damit ergeben sich für die Aluminiumverdampfung folgende Gleichungen:

$$Al(l) = Al(g),$$

$$\Delta I = 70200 - 2{,}0\, T, \tag{182}$$

$$\Delta G^0 = 70200 + 4{,}61\, T \lg T - 42{,}74\, T. \tag{183}$$

Durch Einsetzen von (183) in (181) erhält man für die mit c′) bezeichnete Reaktion

$$Al_2O_3 + 3\,C\,(\beta\text{-Gr.}) = 2\,Al(g) + 3\,CO,$$

$$\Delta G^0 = 467070 + 0{,}69\, T \lg T + 6{,}62 \cdot 10^{-3}\, T^2 - 212{,}69\, T. \tag{184}$$

Das Sieden dieses Systems wird eintreten, wenn die Summe der Partialdrücke von Al und CO eine Atmosphäre erreicht. Da nach der Reaktionsgleichung 2 Atome Al neben 3 Molekülen CO entstehen, muß

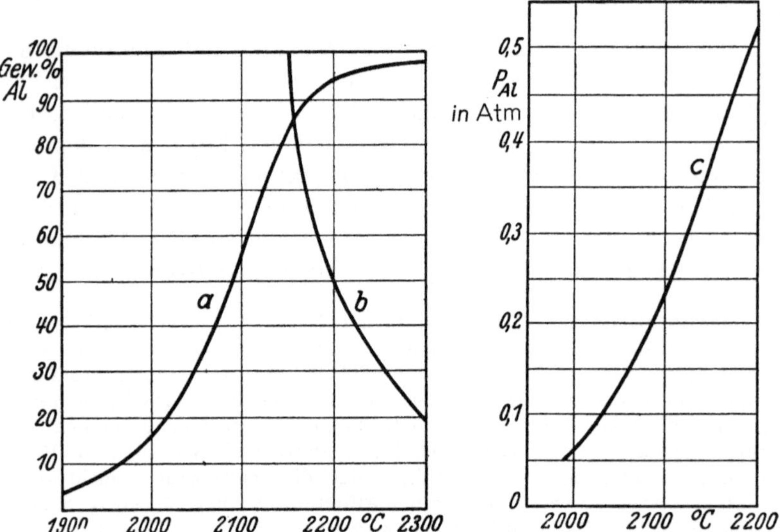

Abb. 13. Berechneter Aluminiumgehalt in der Schmelze bei Ablauf der Reaktion $Al_2O_3 + 3\,C = 2\,Al + 3\,CO$.

a Temperaturabhängigkeit des Al-Gehaltes in der Schmelze, berechnet nach Gl. (181),
b Aluminiumkonzentration mit einem Aluminiumdampfdruck von 0,4 Atm., berechnet nach Gl. (183),
c Aluminiumdampfdrücke über den Schmelzen der Kurve *a*.

der Partialdruck des Al 0,4 Atm., derjenige des CO 0,6 Atm. betragen. In Abb. 13, Kurve *a*, sind in Abhängigkeit von der Temperatur die auf Grund der weiter unten beschriebenen Rechnung zu Reaktion c) in der Schmelze zu erwartenden Aluminiumgehalte eingetragen. Desgleichen wurden als Kurve *b* die Konzentrationen eingezeichnet, bei denen der Aluminiumdampfdruck 0,4 Atm. beträgt[1]. Der Schnittpunkt liegt bei 2155° C. Bei dieser Temperatur wird, sofern das Aluminium die durch Kurve *a* gegebene Grenzkonzentration erreicht hat, die Tonerdereduktion unter ausschließlicher Bildung von Aluminiumdampf vor sich gehen, während bei tieferen Temperaturen bzw. geringeren Al-Konzentrationen die Reaktion c′) nur entsprechend der Größe des Dampfdruckes des Aluminiums in der Schmelze neben der Reaktion c) abläuft[2].

Der Temperaturbereich, in dem der Aluminiumdampfdruck groß genug ist, um eine praktisch spürbare Verdampfung des Aluminiums unterhalb des Siedepunktes des Systems zu bewirken, ist aus Kurve *c* der Abb. 13 zu ersehen. In ihr sind die Aluminiumdampfdrücke in Abhängigkeit von der Temperatur für die maximalen Aluminiumkonzentrationen aufgetragen, die sich auf Grund der Reaktion c) ergeben.

Über die bei Gegenwart von Aluminiumkarbid mögliche Umsetzung gibt Reaktion d) Aufschluß. Die Affinitätsgleichung ergibt sich aus (39), (49) und (179).

$$Al_2O_3 + Al_4C_3 = 6\,Al(l) + 3\,CO,$$

$$\Delta G^0 = 379020 - 15{,}85\,T \lg T + 17{,}94 \cdot 10^{-3}\,T^2 - 0{,}68 \cdot 10^{-6}\,T^3 - 134{,}81\,T. \quad (185)$$

[1] Nach dem Gesetz von RAOULT ist in idealen Lösungen der Dampfdruck eines gelösten Stoffes gleich dem Produkt aus dem Dampfdruck des reinen Stoffes und der molaren Konzentration in der Lösung. Bei der vorliegenden Rechnung wird die Gültigkeit dieses Gesetzes, d. h. ideales Verhalten der Bodenphase, angenommen. Die gesuchte Konzentration mit einem Dampfdruck des Al von 0,4 Atm. ergibt sich damit als Quotient aus der Zahl 0,4 und dem Dampfdruck des reinen Al. Letzterer erreicht nach Gl. [183] bei 2150° C den Wert 0,4 Atm.

[2] Dieser als Konvektionsverdampfung bezeichnete Vorgang läßt sich in erster Annäherung rechnerisch folgendermaßen erfassen:

Für ein ideales Gas, als welches das verdampfte Aluminium angesehen werden kann, gilt die Formel

$$P\,V = n\,R\,T.$$

Für die beiden Bestandteile der Gasphase, nämlich das Aluminium und das Kohlenoxyd, lauten demnach die Gleichungen:

$$P_{Al}\,V_{Al} = n_{Al}\,R\,T, \qquad P_{CO}\,V_{CO} = n_{CO}\,R\,T.$$

Im vorliegenden Fall ist $V_{Al} = V_{CO}$ und weiter die Temperatur in beiden Fällen gleich, so daß sich ableiten läßt:

$$P_{Al} : P_{CO} = n_{Al} : n_{CO} \quad \text{oder} \quad n_{Al} = n_{CO}\,\frac{P_{Al}}{P_{CO}}.$$

Da die Summe der Partialdrücke von Kohlenoxyd und Aluminium eine Atmosphäre beträgt, laßt sich bei Bekanntsein des Aluminiumdampfdruckes diejenige Aluminiummenge errechnen, die theoretisch durch eine bestimmte CO-Menge durch Konvektionsverdampfung mitgeführt werden kann. Es wird dabei angenommen, daß sich das bei der Tonerdereduktion bildende Kohlenoxyd dem Metalldampfdruck entsprechend an Aluminium sättigt.

Auf diesen Vorgang wird bei der Besprechung der Versuchsergebnisse noch eingegangen.

Bei der Auswertung dieser Gleichung ist die Zusammensetzung der Bodenphase besonders wichtig, da die Konzentration des Aluminiums in 6ter Potenz in der Gleichgewichtskonstante erscheint. In Abb. 14 sind für die Temperaturen 2200 und 2400° C die Gleichgewichtskonzentrationen eingezeichnet, wie sie sich nach Gl. (185) ergeben. Die Kurven zeigen, bis zu welchen höchsten Aluminiumgehalten eine Umsetzung

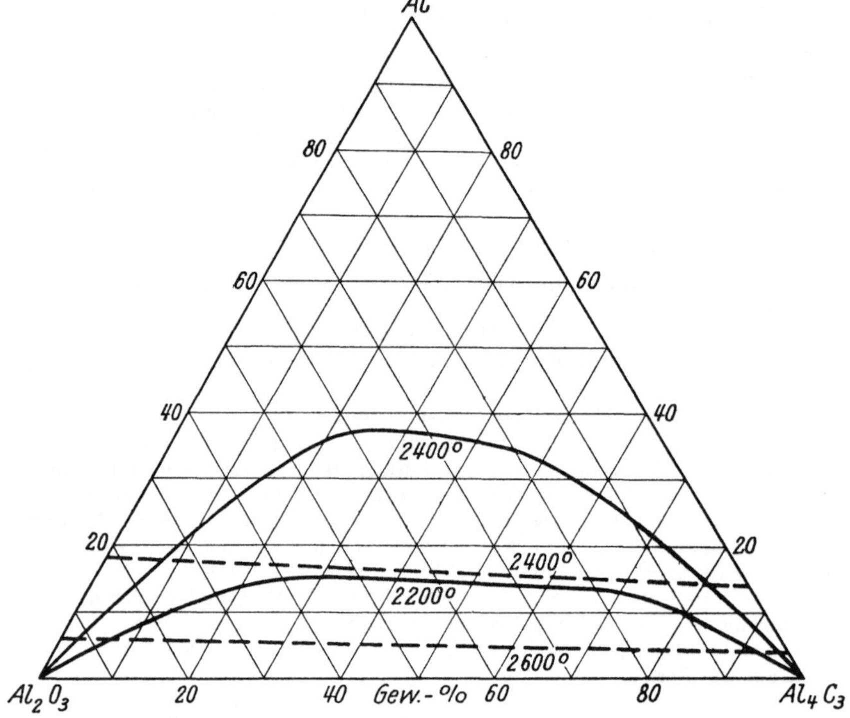

Abb. 14. Berechneter Aluminiumgehalt in der Schmelze bei Ablauf der Reaktion $Al_2O_3 + Al_4C_3 = 6\,Al + 3\,CO$.

——— Al-Gehalt in der Schmelze bei 2200 und 2400° C, berechnet nach Gl. (185),
– – – – Al-Konzentration mit einem Dampfdruck von 0,67 Atm. bei 2400 und 2600° C, berechnet nach Gl. (183).

auf Grund der Affinitätsverhältnisse erfolgen kann. Dieser Aluminiumgehalt kann sich jedoch nur dann einstellen, wenn das System unterhalb seines Siedepunktes bleibt. Nach Gl. (185) tritt das Sieden dann ein, wenn der Aluminiumpartialdruck 0,67 Atm. erreicht. In Abb. 14 sind die Konzentrationskurven mit einem Aluminiumpartialdruck von 0,67 Atm. für die Temperaturen 2400 und 2600° C eingezeichnet worden. Bei diesen Temperaturen begrenzt die Siedekurve die in der Schmelze erreichbare Aluminiumkonzentration, so daß nach Erreichen dieser

Tabelle 41. *Gegenüberstellung der Ergebnisse der rechnerischen und experimentellen Untersuchung der Reaktion* $3Al_2O_3 + C = 2Al + 3CO$.

Versuch Nr.	Temperatur °C	Einsatz g Al_2O_3	Reaktionszeit Min/100 g	Zusammensetzung des Schmelzproduktes in Gew.-%			Errechnete Zusammensetzung der Schmelze in Gew.-%[1]			Zusammensetzung der Schmelzen unter Vernachlässigung des Gehaltes an Al_4C_3 ($Al + Al_2O_3 = 100$).			
										N. d. Versuch:		Berechnet:	
				Al	Al_4C_3	Al_2O_3	Al	Al_4C_3	Al_2O_3	Al	Al_2O_3	Al	Al_2O_3
A 9	1900	150		5	2	93	3	2	95	5	95	3	97
A 8	2000	150	180	14	29	57	11	27	62	20	80	15	85
A 1	2080	80	44	29	3	68	42	4	54	30	70	44	56
A 4	2100	260	30	53	25	22	44	23	33	71	29		
A 5	2100	320	21	62	10	28	51	9	40	69	31		
A 6	2100	320	6,3	74	10	16	52	7	41	82	18		
			Mittelwert:	63	15	22	49	13	38	74	26	56	44
A 3	2150	300	30	24	47	29	36	56	8	45	55		
A 7	2150	150	105	26	43	31	39	52	9	46	54		
			Mittelwert:	25	45	30	38	54	8	45	55	83	17
A 10	2200	150	180	32	44	24	45	52	3	57	43	94	6
A 2	2300	300	28	35	26	41	62	37	1	45	55	98	2

[1] Bei der Rechnung wurde, um die Verschiebung des Verhältnisses von Aluminium zu Tonerde durch die Karbidbildung zu berücksichtigen (siehe Anm. 2, S. 87), der gleiche Karbidgehalt wie beim Experiment angenommen.

Konzentration die Reaktion unter Bildung von Aluminiumdampf vor sich geht. Dies ist vor allem bei der höheren Temperatur praktisch bereits bei Beginn der Reaktion der Fall.

Nach Fertigstellung der ersten Berechnung wurden von E. J. KOHLMEYER und S. LUNDQUIST [74][1] Reduktionsversuche mit Tonerde durchgeführt. Bei diesen Versuchen wurden aus einem Gemisch von Tonerde und Kohle gepreßte Pillen in den auf Reduktionstemperatur erhitzten Tammannofen eingetragen, mit dem Ziel, metallisches Aluminium herzustellen. In Abweichung von den bisher über das System Al–Al_2O_3–Al_4C_3 durchgeführten Untersuchungen wurde mit Einwaagen von mindestens 100 g gearbeitet, da bei kleineren Mengen das Ergebnis durch Nebenreaktionen gefälscht werden kann.

Bei der vorliegenden rechnerischen Auswertung dieser Versuchsergebnisse wird lediglich die Zusammensetzung der im Kohletiegel verbliebenen Schmelze berücksichtigt, während die in einer besonderen Apparatur aufgefangenen Verflüchtigungsprodukte außer acht gelassen werden.

In Tab. 41 (s. S. 91) sind die Ergebnisse der Experimente und der Rechnung gegenübergestellt worden. Die in den Versuchen ermittelten Daten zeigen deutlich den Anstieg des Aluminiumgehaltes bis zu etwa 2100° C, während bei höheren Temperaturen der Aluminiumgehalt wieder stark absinkt, ohne daß für diesen Abfall eine Temperaturabhängigkeit zu erkennen ist. Der Gehalt an Tonerde sinkt dem hohen Al-Gehalt entsprechend bei 2100° C auf einen Tiefstwert. Völlig regellos sind die Prozentzahlen für das Karbid, aus denen durch einen Vergleich mit den Zahlen der Spalte 4 lediglich zu entnehmen ist, daß der Karbidgehalt nur dann niedrig sein kann, wenn die Reaktionsgeschwindigkeit groß ist. Damit ist jedoch nur einer der Faktoren erfaßt, die auf die Karbidbildung von Einfluß sind.

Bei der Rechnung wurden mit Hilfe der Gl. (181) die Gleichgewichtskonstante und daraus wieder die Konzentration von Aluminium und Aluminiumoxyd ermittelt. Um eine Vergleichbarkeit mit dem Ergebnis des Experimentes zu haben, war es dabei notwendig, die Konzentration des beim Versuch entstandenen Karbides zu berücksichtigen.

Die Abb. 15 zeigt die in den beiden letzten Spalten der Tab. 41 angegebenen Zahlen in graphischer Darstellung. Bis zum Einsetzen der Aluminiumverdampfung ist die Übereinstimmung gut. Allerdings streuen die Meßergebnisse zu sehr, um einen eindeutigen Kurvenverlauf festlegen zu können. Bei Vernachlässigung der Messung entweder bei

---

[1] Unveröffentlichte Dr.-Ing.-Dissertation von SVEN LUNDQUIST, ausgeführt im Metallhüttenmännischen Institut der Techn. Hochschule Berlin. Für die Erlaubnis, einen Teil dieser unter außerordentlich experimentellen Schwierigkeiten gewonnenen Versuchsergebnisse zu benutzen, danke ich an dieser Stelle nochmals herzlich.

2100° C oder bei 2150° C würde sich eine klare Kurve ergeben. Da es sich in beiden Fällen um Mittelwerte aus mehreren Messungen handelt, ist ohne weitere Versuche keine eindeutige Entscheidung möglich. Wegen des hohen Aluminiumkarbidgehaltes der bei 2150° C durchgeführten Versuche sind diese unsicherer als die Messungen bei 2100° C, so daß die Kurve unter stärkerer Berücksichtigung dieser Werte eingetragen wurde.

Das Abfallen des Aluminiumgehaltes in den Schmelzen bei Temperaturen oberhalb 2100° ist auf die Aluminiumverdampfung zurückzuführen. Bei der vorliegenden Reaktion entstehen neben 3 Mol Kohlenoxyd 2 Mol Aluminium. Sobald der Partialdruck des Aluminiums in der Schmelze 0,4 Atm. erreicht hat, wird also eine restlose Verdampfung eintreten. Bei niedrigerem Dampfdruck wird nur ein diesem Druck entsprechender Teil verflüchtigt, wobei angenommen werden kann, daß das sich bildende Kohlenoxyd an Aluminiumdampf gesättigt ist.

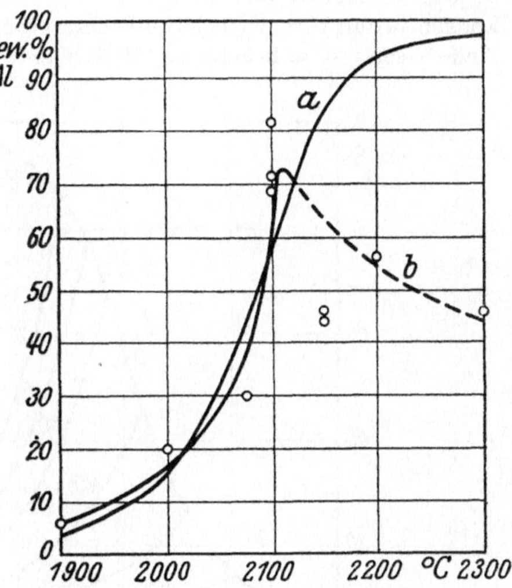

Abb. 15. Temperaturabhangigkeit des Aluminiumgehaltes in der Schmelze bei Ablauf der Reaktion $Al_2O_3(l) + 3C = 2Al(l) + 3CO$ unter Vernachlässigung des Aluminiumkarbidgehaltes ($Al + Al_2O_3 = 100$).

a berechnet nach Gl. (181),
b nach Versuchen von KOHLMEYER und LUNDQUIST [74].

Die in Anm. 2, S. 89, abgeleitete Formel sowie Gl. (183) ermöglichen, ein Verflüchtigungsdiagramm zu entwerfen, das in Abhängigkeit von der Temperatur und der Konzentration des Aluminiums in der Schmelze den Anteil des Aluminiums angibt, der bei Ablauf der Reaktion c) verflüchtigt wird (Abb. 16). Die Kurvenschar ist begrenzt durch die Linie der maximal erreichbaren Aluminiumkonzentration.

Bei dem bei 2200° C durchgeführten Versuch war festgestellt worden, daß die Restschmelze 47% des Einsatzes ausmachte. Der Rest ist verflüchtigt worden. Es läßt sich somit rechnerisch ermitteln, wieviel von dem entstandenen Aluminium in der Schmelze blieb und welcher Anteil verdampft wurde. Die Rechnung fur diesen einen Versuch wird im folgenden durchgeführt. Der besseren Übersicht halber wurde der Teil der Einwaage, welcher reagiert hat, gleich 100 gesetzt.

Einwaage insgesamt:	111,9	Teile Al_2O_3	mit	59,3	Teilen	Aluminium
Davon haben nicht reagiert:	11,9	„	„	6,3	„	„
Einsatz, welcher reagiert hat:	100,0	Teile Al_2O_3	mit	53,0	Teilen	Aluminium
Zu Karbid wurden umgesetzt:	32,9	„	„	17,4	„	„
Zu Aluminium wurden reduziert:	67,1	Teile Al_2O_3	mit	35,6	Teilen	Aluminium

An kondensiertem Aluminium wurden erhalten:	16,9	Teile
Verdampftes Aluminium:	18,7	Teile

Nach dieser Rechnung sind 53% des entstandenen metallischen Aliminiums verflüchtigt worden. Nach Abb. 16 werden bei 2200⁰ und einer Metallkonzentration von 32 Gew.% 72% des gebildeten Metalls verdampft. Bei Vergleich dieser Zahlen ist zu berücksichtigen, daß das Experiment mit der Aluminiumkonzentration *O* begonnen hat, daß also nicht wahrend der ganzen Versuchszeit die hohe Aluminiumkonzentration vorgelegen hat, die eine Verdampfung von rund 72% bewirken würde. Andererseits ist zu beachten, daß sich auch bei der Umsetzung zu Aluminiumkarbid

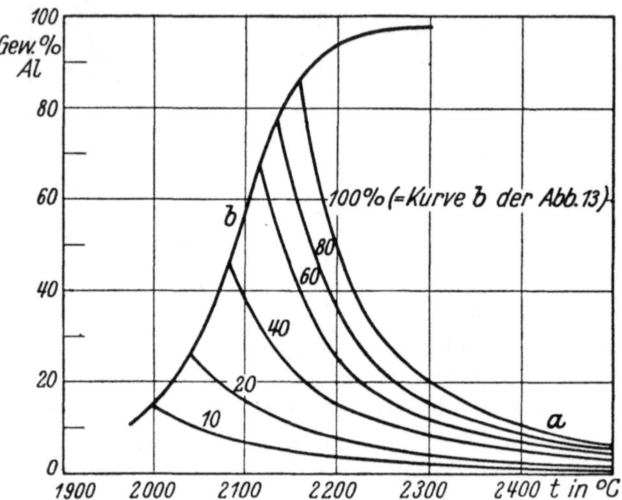

Abb. 16. Anteil des bei der Reduktion von Tonerde nach Reaktion c) verfluchtigten Aluminiums in Abhängigkeit von Temperatur und Konzentration.
a Kurven für gleichen Verdampfungsanteil,
b für Reaktion c) errechneter hochster Aluminiumgehalt in der Schmelze (= Kurve *a* der Abb. 13).

Kohlenoxyd bildete, das zur Verflüchtigung beigetragen hat, ohne daß das bei der Karbidbildung umgesetzte Aluminium verdampft werden konnte.

Die Rechnung zeigt, daß die Aluminiumverdampfung unterhalb des Siedepunktes zwanglos als rein physikalischer Vorgang erklärt werden kann.

Als Ergebnis der rechnerischen Untersuchung der thermischen Tonerdereduktion mit Kohle und des Vergleiches mit den vorliegenden experimentellen Untersuchungen kann festgestellt werden, daß die Rechnung in der Lage ist, die Temperaturabhängigkeit der Reaktion befriedigend zu erklären und daß darüber hinaus der Temperaturfehler nicht mehr als etwa 30^0 beträgt.

VI. Literaturverzeichnis.

1. ALLEN, N. P.: The Effect of Pressure on the Liberation of Gases from Metals (with special Reference to Silver and Oxygen). J. Inst. Met. Bd. 49 (1932) S. 317.
2. D'ANS, JEAN, u. ELLEN LAX: Taschenbuch für Chemiker und Physiker. Berlin: Springer 1943.
3. AOYAMA, SHIN-ICHI, u. JOSHINAGA OKA: Oxidation-Reduction Equilibrium of Metallic Manganese. Sci. Rep. Tohoku Imp. Univ. Bd. 22 (1933) S. 824.
4. ARKEL, A. E. VAN: Reine Metalle. Berlin: Springer 1939.
5. BARTA, OEDÖN: Über Natriumdampf-Potentiale und die Gay-Lussac-Reaktion. Z. Elektrochem. Bd. 43 (1937) S. 733.
6. BAUR, EMIL, u. ROLAND BRUNNER: Über die Schmelzfläche im System Aluminium, Aluminiumoxyd, Aluminiumkarbid. Z. Elektrochem. Bd. 40 (1934) S. 154.
7. BICHOWSKY, F. R., u. F. D. ROSSINI: The Thermochemistry of the Chemical Substances. Reinhold publishing Corporation. New York 1936.
8. BODENSTEIN, MAX: Das Gleichgewicht der Reaktion $ZnO + CO = Zn_{Dampf} + CO_2$. Z. Elektrochem. Bd. 46 (1940) S. 132.
9. BOGATZKI, D. P.: Die Reduktion der Nickeloxyde mit Wasserstoff. Metallurgist (russ.) Bd. 13 (1938) S. 18.
10. BOWEN, N. L., I. F. SCHAIRER u. E. POSNJAK: Das System $CaO-FeO-SiO_2$. Amer. J. Sci. Bd. 23 (1933) S. 193.
11. BRITZKE, E. V., u. A. F. KAPUSTINSKY: Die Affinität von Metallen zu Schwefel. II. Thermische Dissoziationsgleichgewichte der Sulfide von Silber, Kupfer und Arsen. Z. anorg. allg. Chem. Bd. 205 (1932) S. 95.
12. — — u. T. I. SCHASCHKINA: Die Affinität von Metallen zu Sauerstoff. Über das Gleichgewicht zwischen Eisen und Wasserdampf. Z. anorg. allg. Chem. Bd. 219 (1934) S. 287.
13. BRUNNER, ROLAND: Gleichgewichte in den Systemen von Kieselsäure, Kalk und Tonerde mit Kohle. Z. Elektrochem. Bd. 38 (1932) S. 55.
14. CHIPMAN, JOHN: Application of Thermodynamics to the Deoxidation of liquid Steel. Trans. Amer. Soc. Met. Bd. 22 (1934) S. 385.
15. — u. DONALD W. MURPHY: Free Energy of Iron Oxides. Industr. Engng. Chem. Bd. 25 (1933) S. 319.
16. DIN 1345: Formelgrößen und Einheiten der Wärmelehre und Wärmetechnik. Beuth-Vertrieb. Berlin 1938.
17. DROSSBACH, PAUL: Das Massenwirkungsgesetz bei beliebig vielen Bestandteilen in einer Phase. Z. Elektrochem. Bd. 46 (1940) S. 481.
18. EASTMAN, E. D.: The Mass Effect in the Entropy of Substances. J. Amer. chem. Soc. Bd. 45 (1923) S. 80.
19. — u. R. M. EVANS: Equilibria involving the Oxides of Iron. J. Amer. chem. Soc. Bd. 46 (1924) S. 888.
20. — u. P. ROBINSON: Equilibrium in the Reaction of Tin with Water Vapour and Carbon Dioxide. J. Amer. chem. Soc. Bd. 50 (1928) S. 1106.
21. EMMETT, P. H., u. I. F. SHULTZ: Equilibrium in the System $Co-H_2O-CoO-H_2$. Free Energy Changes for the Reaction $CoO + H_2 = Co + H_2O$ and the Reaction $Co + \frac{1}{2} O_2 = CoO$. J. Amer. chem. Soc. Bd. 51 (1929) S. 3249.
22. — —: Gaseous Thermal Diffusion. The Principle Cause of Discrepancies among Equilibrium Measurements on the Systems $Fe_3O_4-H_2-Fe-H_2O$; $Fe_3O_4-H_2-FeO-H_2O$ and $FeO-H_2-Fe-H_2O$. J. Amer. chem. Soc. Bd. 55 (1933) S. 1376.

23. EMMETT, P. H., u. I. F. SHULTZ: Equilibrium in the System SnO_2–H_2–Sn–H_2O. Indirect Calculation of the Values of the Water Gas Equilibrium Constants. J. Amer. chem. Soc. Bd. 55 (1933) S. 1390.

24. EUCKEN, ARNOLD: Grundriß der physikalischen Chemie. Leipzig: Akad. Verlagsges. 1942.

25. —: Über Metalldampfdrucke. Metallwirtsch. Bd. 15 (1936) S. 27, 63.

26. FALKENBERG, WILHELM: Über die Reduktion von Zinkoxyd mit Kohlenoxyd. Dissertation. Berlin 1929.

27. FONTANA u. CHIPMAN: 17. Ann. Convention Amer. Soc. Met. Okt. 1935.

28. FRICKE, R., u. G. WEITBRECHT: Die Gleichgewichte CO_2/CO gegen Ni/NiO bzw. Ni $+ \gamma$ — $Al_2O_3/NiAl_2O_4$ und ihre Beeinflussung durch den physikalischen Zustand der festen Reaktionsteilnehmer. Z. Elektrochem. Bd. 48 (1942) S. 87.

29. GARRAN, R. R.: Equilibria at high Temperatures in the System Iron–Oxygen–Carbon. Trans. Faraday Soc. Bd. 24 (1928) S. 201.

30. GIAUQUE, W. F., u. P. F. MEADS: Der Wärmeinhalt und die Entropie von Aluminium und Kupfer zwischen 15 und 300° K. J. Amer. chem. Soc. Bd. 63 (1941) S. 1897.

31. — u. I. W. STOUT: Die Entropie des Wassers und der dritte Hauptsatz der Thermodynamik. Der Wärmeinhalt von Eis von 15—273° K. J. Amer. chem. Soc. Bd. 58 (1936) S. 1144.

32. GRANAT, I. J.: Über die Reduktion der Chromoxyde. Metallurgist (russ.) Bd. 11 (1936) S. 35.

33. GRUBE, G., u. M. FLAD: Das Reduktionsgleichgewicht des Chromioxyds. Z. Elektrochem. Bd. 45 (1939) S. 835.

34. — —: Affinität und Wärmetönung der Mischkristallbildung im System Chrom–Nickel. Z. Elektrochem. Bd. 48 (1942) S. 377.

35. — u. O. WINKLER: Magnetische Suszeptibilität und Zustandsdiagramm bei binären Legierungen. Z. Elektrochem. Bd. 42 (1936) S. 815.

36. HANSEN, M.: Der Aufbau der Zweistofflegierungen. Berlin: Springer 1936.

37. HARTMANN, H., u. R. SCHNEIDER: Die Siedetemperaturen von Magnesium, Kalzium, Strontium, Barium und Lithium. Z. anorg. allg. Chem. Bd. 180 (1929) S. 275.

38. International Critical Tables of numerical Data, Physics, Chemistry and Technology. Mc Graw-Hill Book Co., Vol. 5, 1929.

39. International Critical Tables of numerical Data, Physics, Chemistry and Technology. Mc Graw-Hill Book Co., Vol. 7, 1930.

40. ISHIKAWA, FUSAO, u. EIICHI SHIBATA: A Thermodynamic Study on Lead Monoxide. Sci. Rep. Tôhoku Univ. (1) Bd. 18 (1929) S. 109.

41. JOMINY, W. E., u. D. W. MURPHY: Das Gleichgewicht in dem System Eisen–Sauerstoff–Wasserstoff bei Temperaturen oberhalb 1000°. Industr. Engng. Chem. Bd. 23 (1931) S. 384.

42. JUSTI, E.: Spezifische Wärme, Enthalpie, Entropie und Dissoziation technischer Gase. Berlin: Springer 1938.

43. KAPUSTINSKY, A., u. L. SCHAMOWSKI: Ein Verfahren zur direkten Bestimmung der Dissoziationsspannung von Metalloxyden. Z. anorg. allg. Chem. Bd. 216 (1933) S. 10.

44. KELLEY, K. K.: Contributions to the Data on Theoretical Metallurgy. 1. The Entropies of Inorganic Substances. Bull. Bur. Min. 350 (1932).

45. — Contributions to the Data on Theoretical Metallurgy. 2. High-Temperature Specific-Heat Equations for Inorganic Substances. Bull. Bur. Min. 371 (1935).

46. KELLEY, K. K.: Contributions to the Data on Theoretical Metallurgy. 3. The Free Energies and Vapour Pressures of Inorganic Substances. Bull. Bur. Min. 383 (1935).
47. — Contributions to the Data on Theoretical Metallurgy. 5. Heats of Fusion of Inorganic Substances. Bull. Bur. Min. 393 (1936).
48. — Contributions to the Data on Theoretical Metallurgy. 6. A Revision of the Entropies of Inorganic Substances. Bull. Bur. Min. 394 (1936).
49. — Contributions to the Data on Theoretical Metallurgy. 7. The Thermodynamic Properties of Sulphur and its Inorganic Compounds. Bull. Bur. Min. 406 (1937).
50. — Contributions to the Data on Theoretical Metallurgy. 8. The Thermodynamic Properties of Metal Carbides and Nitrides. Bull. Bur. Min. 407 (1937).
51. — u. C. T. ANDERSON: Contributions to the Data on Theoretical Metallurgy. 4. Metal Carbonates-Correlations and Applications of Thermodynamic Properties. Bull. Bur. Min. 384 (1935).
52. — The Specific Heats at Low Temperatures of Manganese, Manganous Selenide, and Manganous Telluride. J. Amer. chem. Soc. Bd. 61 (1939) S. 203.
53. KIELLAND, JACOB: Thermodynamik der Sauerstoffabspaltung flüssiger Eisenoxyd–Eisenoxydulschmelzen. Z. Elektrochem. Bd. 41 (1935) 834.
54. KLEPPA, O. J.: Über das Gleichgewicht von $CoO + H_2 = Co + H_2O$. Die molare Entropie von CoO. Svensk kem. T. Bd. 55 (1943) S. 18.
55. KÖRBER, FRIEDRICH: Die Beziehungen zwischen Bildungswärmen, Aufbau und Eigenschaften technisch wichtiger Legierungen. Stahl u. Eisen Bd. 56 (1936) S. 1401.
56. — u. W. OELSEN: Experimentelle Untersuchungen über die Gleichgewichte $Pb + SnCl_2 = PbCl_2 + Sn$ und $Cd + PbCl_2 = CdCl_2 + Pb$ im Schmelzfluß. Die Anwendbarkeit des idealen Massenwirkungsgesetzes. Z. Elektrochem. Bd. 38 (1932) S. 557.
57. — — Über die Beziehungen zwischen manganhaltigem Eisen und Schlacken, die fast nur aus Manganoxydul und Eisenoxydul bestehen. Mitt. K.-Wilh.-Inst. Eisenforschg. Bd. 13 (1932) S. 181.
58. — — Die Grundlagen der Desoxydation mit Mangan und Silizium. Mitt. K.-Wilh.-Inst. Eisenforschg. Bd. 15 (1933) S. 271.
59. — — Die Auswirkung der Silizid-, Phosphid- und Karbidbildung in Eisenschmelzen auf ihre Gleichgewichte mit Oxyden. Mitt. K.-Wilh.-Inst. Eisenforschg. Bd. 18 (1936) S. 109.
60. — — Die Reduktionsgleichgewichte von Oxyden und Oxydgemengen als Grundlage wichtiger Probleme der Eisenerzeugung. Z. Elektrochem. Bd. 46 (1940) S. 188.
61. KRINGS, W., u. J. KEMPKENS: Über die Löslichkeit des Sauerstoffs im festen Eisen. 2. Z. anorg. allg. Chem. Bd. 190 (1930) S. 313.
62. KROLL, W.: Die Raffination von Metallen durch Verdampfen im Hochvakuum. Metallwirtsch. Bd. 13 (1934) S. 725.
63 KUBASCHEWSKI, O., u. G. SCHRAG: Mitteilung über die spezifischen Wärmen von Nickel, Wismut und Phosphor. Z. Elektrochem. Bd. 46 (1940) S. 675.
64. LANDOLT-BÖRNSTEIN: Physikalisch-chemische Tabellen 1. Band. Berlin: Springer 1923.
65. — Physikalisch-chemische Tabellen 2. Band. Berlin: Springer 1923.
66. — Physikalisch-chemische Tabellen 1. Ergänzungsband. Berlin: Springer 1927.
67. — Physikalisch-chemische Tabellen 2. Ergänzungsband, 1. Teil. Berlin: Springer 1931.

68. LANDOLT-BÖRNSTEIN: Physikalisch-chemische Tabellen 2. Ergänzungsband, 2. Teil. Berlin: Springer 1931.
69. — Physikalisch-chemische Tabellen 3. Ergänzungsband, 1. Teil. Berlin: Springer 1935.
70. — Physikalisch-chemische Tabellen 3. Ergänzungsband, 2. Teil. Berlin: Springer 1935.
71. — Physikalisch-chemische Tabellen 3. Ergänzungsband, 3. Teil. Berlin: Springer 1936.
72. LANGE, ERICH: Zur Standpunkts- und Vorzeichenfrage in der chemischen Thermodynamik. Kolloid-Z. Bd. 88 (1939) S. 89.
73. LEWIS, GILBERT N., u. MERLE RANDALL: Thermodynamik und die freie Energie chemischer Substanzen. Übersetzt von Otto Redlich. Wien: Springer 1927.
74. Dr.-Ing.-Dissertation LUNDQUIST, T. H. Berlin, 1942.
75. MAIER, G. G.: Progress Reports-Metallurgical Division. 9. Thermodynamic Data on some Metallurgically Important Compounds of Lead and the Antimony-Group Metals and their Applications. U. S. Bur. Min., Dep. Interior 1934, Rep. Investigations 3262.
76. — u. OLIVER C. RALSTON: Reduction Equilibria of Zinc Oxide and Carbon Monoxide. J. Amer. chem. Soc. Bd. 48. I. (1926) S. 364.
77. MARTIN, OTTO: Eine Ableitung des thermochemischen Gleichgewichts. Mitt. Forsch.-Anst. Gutehoffn., Nürnberg, Bd. 9 (1941) S. 77.
78. — Grundbegriffe und Schaubilder der Thermodynamik. Stahl u. Eisen Bd. 61 (1941) S. 705.
79. MATSUBARA, A.: Das chemische Gleichgewicht zwischen Eisen, Kohlenstoff und Sauerstoff. Z. anorg. allg. Chem. Bd. 124 (1922) S. 45.
80. MEADS, P. F., W. R. FORSYTHE u. W. F. GIAUQUE: Der Wärmeinhalt und die Entropien von Silber und Blei zwischen 15 und 300° K. J. Amer. chem. Soc. Bd. 63 (1941) S. 1902.
81. MEICHSNER, A., u. W. A. ROTH: Beiträge zur Thermochemie des Aluminiums. Z. Elektrochem. Bd. 40 (1934) S. 19.
82. MÜLLER, FRIEDRICH: Grundlagen und Bedeutung der neueren chemischen Thermodynamik und Reaktionskinetik. Angew. Chem. Bd. 54 (1941) S. 334.
83. MURPHY, D. W., W. P. WOOD u. W. E. JOMINY: Scaling of Steel at elevated Temperatures by Reaction with Gases and the Properties of the resulting Oxides. Trans. Amer. Soc. Steel Treating Bd. 19 (1931/32) S. 193.
84. PEASE, ROBERT N., u. ROY S. COOK: Equilibrium in the Reaction $NiO + H_2 = Ni + H_2O$. The Free Energy of Nickelous Oxide. J. Amer. chem. Soc. Bd. 48 (1926) S. 1199.
85. PRESCOTT, C. H. JR., u. W. B. HINCKE; The High-Temperature Equilibrium between Aluminium Oxide and Carbon. J. Amer. chem. Soc. Bd. 49 (1927) S. 2753.
86. RALSTON, O. C.: Iron Oxide Reduction equilibria: A critique from the standpoint of phase rule and thermodynamics. U.S. Bull. Bur. Min. 296. Washington 1929.
87. RANDALL, M.: Die wesentlichen Eigenschaften eines Systems der Thermodynamik. Z. Elektrochem. Bd. 38 (1932) S. 676.
88. — R. F. NIELSEN u. G. H. WEST: Die freie Energie einiger Kupferverbindungen. Industr. Engng. Chem. Bd. 23 (1931) S. 388.
89. REINDERS, W., u. F. GOUDRIAAN: Physikalisch-chemische Studien über die

Röstprozesse II. Die Röstreaktionsarbeit bei Kupfer; Gleichgewichte im System Cu–S–O. Z. anorg. allg. Chem. Bd. 126 (1923) S. 85.

90. REMY, H.: Die „Richtsätze für die Benennung anorganischer Verbindungen". Chemie Bd. 55 (1942) S. 267.

91. ROTH, WALTHER A.: Beiträge zur Thermochemie des Eisens, Mangans und Nickels. Arch. Eisenhüttenw. Bd. 3 (1929/30) S. 339.

92. — Dritter zusammenfassender Bericht über die Fortschritte der Kalorimetrie und Thermochemie. Z. Elektrochem. Bd. 45 (1939) S. 335.

93. — u. G. BECKER: Ordnungszahl und Bildungswärme. Z. phys. Chem. Abt. A Bd. 159 (1932) S. 19.

94. — u. H.-L. KAULE: Zur Thermochemie des Natriums. Z. anorg. allg. Chem. Bd. 253 (1947) S. 352.

95. — u. F. WIENERT: Beiträge zur Thermochemie des Eisens. Arch. Eisenhüttenw. Bd. 7 (1934) S. 455.

96. — GERHILDE WIRTHS u. HILDEGARD BERENDTS: Beiträge zur Thermochemie des Aluminiums. Z. Elektrochem. Bd. 48 (1942) S. 264.

97. — URSULA WOLF u. OLGA FRITZ: Die Bildungswärme von Aluminiumoxyd (Korund) und von Lanthanoxyd. Z. Elektrochem. Bd. 46 (1940) S. 42.

98. — — Die Bildungswärme von Chromioxyd. Z. Elektrochem. Bd. 46 (1940) S. 45.

99. — — Die Bildungswärme von Kalzium-Aluminaten. Z. Elektrochem. Bd. 46 (1940) S. 232.

100. RUFF, O., u. E. FÖRSTER: Arbeiten aus dem Gebiet hoher Temperaturen XVI. Über das Kalziumkarbid, seine Bildung und Zersetzung. Z. anorg. allg. Chem. Bd. 131 (1923) S. 321.

101. SATOH, SHUN-ICHI: Die Bildungswärme und spezifische Wärme von Aluminiumkarbid. Sci. Pap. Inst. phys. chem. Res., Tokio, Bd. 32 Nr. 725/726.

102. SCHENCK, R., u. TH. DINGMANN: Gleichgewichtsuntersuchungen über die Reduktions-, Oxydations- und Kohlungsvorgänge beim Eisen. VI. Mitt. 7. Zur Frage der Löslichkeit des Sauerstoffs im Eisen. Z. anorg. allg. Chem. Bd. 171 (1928) S. 239.

103. — — P. H. KIRSCHT u. H. WESSELKOCK: Gleichgewichtsuntersuchungen über die Reduktions-, Oxydations- und Kohlungsvorgänge beim Eisen. VIII. Z. anorg. allg. Chem. Bd. 182 (1929) S. 97.

104. — u. H. WESSELKOCK: Über die Aktivierung der Metalle durch fremde Zusätze. Z. anorg. allg. Chem. Bd. 184 (1929) S. 39.

105. SCHMAHL, N. G., u. I. SCHEWE: Über Thermodiffusion. Z. Elektrochem. Bd. 46 (1940) S. 203.

106. SCHOTTKY, W., H. ULICH u. C. WAGNER: Thermodynamik. Berlin: Springer 1929.

107. SCHWARZ, CARL, u. THEO KOOTZ: Beiträge zur Kenntnis des Systems Fe–O–C. Arch. Eisenhüttenw. Bd. 11 (1937/38) S. 527.

108. SHIBATA, Z., u. I. MORI: Das Reduktionsgleichgewicht zwischen Metalloxyd und Wasserstoff. I. Die Messung von $CoO + H_2 = Co + H_2O$ nach neuem Meßverfahren. Z. anorg. allg. Chem. Bd. 212 (1933) S. 305.

109. SIEMONSEN, H.: Neubestimmung der Bildungswärmen der Manganoxyde. Z. Elektrochem. Bd. 45 (1939) S. 637.

110. SIEVERTS, A., u. JOH. HAGENACKER: Über die Löslichkeit von Wasserstoff und Sauerstoff in festem und geschmolzenem Silber. Z. phys. Chem. Bd. 68 (1909) S. 115.

111. SKAPSKI, ADAM, u. JOSEPH DABROWSKI: Das Gleichgewicht und die Wärmetönung der Reaktion $NiO + H_2 = Ni + H_2O$. Z. Elektrochem. Bd. 38 (1932) S. 365.

112. SNYDER, P. E., u. H. SELTZ. J. Amer. chem. Soc. Bd. 67 (1945) S. 683.

113. STEINWEHR, H. v., u. A. SCHULZE: Untersuchungen über die Wärmetönung bei den Umwandlungen des Eisens. Z. Metallkde. Bd. 27 (1935) S. 129.

114. TEREBESI, L.: Die thermodynamischen Funktionen von Aluminium, α-Aluminiumoxyd, β-Graphit, Sauerstoff und Kohlenmonoxyd. Helv. chim. Acta (A) Bd. 17 (1934) S. 804.

115. TREADWELL, W. D.: Zur Chemie und Thermodynamik der Aluminium- und Magnesiumerzeugung. Schweizer Arch. angew. Wiss. Techn. Bd. 6 (1940) S. 69.

116. — u. I. HARTNAGEL: Die Bildungsenergie des Magnesiumoxyds und seine Reduktion mit Kohle. Helv. chim. Acta Bd .17 (1934) S. 1372.

117. — u. L. TEREBESI: Zur Kenntnis der Bildungsenergie des Aluminiumoxydes aus den Elementen. Helv. chim. Acta Bd. 16 (1933) S. 922.

118. TRUESDALE, E. C., u. R. K. WARING: Reduktionsgleichgewicht von Zinkoxyd und Kohlenmonoxyd. J. Amer. chem. Soc. Bd. 63 (1941) S. 1610, zitiert in Chem. Zbl. 1941, II, 2772.

119. ULICH, HERMANN: Chemische Thermodynamik. Dresden u. Leipzig: Theodor Steinkopff 1930.

120. — Kurzes Lehrbuch der Physikalischen Chemie. Dresden u. Leipzig: Theodor Steinkopff 1940.

121. — Berechnung von Reaktionsarbeiten und Gleichgewichten mit Entropiewerten. Arch. Eisenhüttenw. Bd. 13 (1939/40) S. 499.

122. — Näherungsformeln zur Berechnung von Reaktionsarbeiten und Gleichgewichten aus thermochemischen Daten. Z. Elektrochem. Bd. 45 (1939) S. 521.

123. — CARL SCHWARZ u. KURT CRUSE: Wärmetönungen metallurgischer Reaktionen. II. Arch. Eisenhüttenw. Bd. 10 (1936/37) S. 493.

124. UMINO, SUBARO: On the Latent Heat of Fusion and the Heat of Transformation of Some Metals. Sci. Rep. Tôhoku Univ. (1) Bd. 16 (1927) S. 775.

125. WARTENBERG, H. v., u. S. AOYAMA: Das Reduktionsgleichgewicht von Cr_2O_3. Z. Elektrochem. Bd. 33 (1927) S. 144.

126. WATANABE, MOTOO: On the Equilibrium in the Reduction of Nickelous Oxide by Carbon Monoxide. Sci. Rep. Tôhoku Univ. Bd. 22 (1933) S. 436.

127. — On the Equilibrium in the Reduction of Cobaltous Oxide by Carbon Monoxide. Sci. Rep. Tôhoku Univ. Bd. 22 (1933) S. 892.

128. WHITE, JAMES: Equilibrium at High Temperatures in Systems Containing Iron Oxides. Iron Steel Inst., Carnegie Scholarhip Memoires, Bd. 37 (1938) S. 1

129. WÖHLER, I., u. K. HOFER: Amorphes Aluminiumkarbid. Z. anorg. allg. Chem. Bd. 213 (1933) S. 249.

130. — u. N. JOCHUM: Thermochemische Messungen an den Oxyden des Kupfers, Rhodiums, Palladiums und Iridiums. Z. phys. Chem. Abt. A Bd. 167 (1933) S. 169.

131. WOLSKI, A. N., u. I. I. SLOBODSKOI: Dissoziationsspannung der Oxyde und Grundlagen der Theorie der oxydativen Raffination der Metalle. Zwetn. Met. (russ.) Bd. 11 (1936) S. 102.

132. ZEISE, H.: Temperatur- und Druckabhängigkeit einiger technisch wichtiger Gasgleichgewichte. Z. Elektrochem. Bd. 43 (1937) S. 704.

VII. Tabellarische Zusammenstellung der Affinitätsgleichungen.

In der folgenden Tabelle sind die eigenen, durch die laufenden Nummern gekennzeichneten Gleichungen sowie die in den Arbeiten von KELLEY angegebenen Gleichungen, für die einzelnen Metalle zu Gruppen zusammengefaßt, wiedergegeben[1].

Die einzelnen Spalten enthalten neben der Reaktionsgleichung die Konstanten für die Affinitätsgleichung der allgemeinen Form

$$\Delta G^0 = \Delta I_0 - \Delta a\, T \lg T - {}^1\!/_2\, \Delta b\, T^2 - {}^1\!/_6\, \Delta c\, T^3 - {}^1\!/_2\, \Delta d\, T^{-1} + Z\, T. \qquad (18)$$

In den letzten Spalten sind die für Raumtemperatur errechneten Werte von ΔI und ΔG^0 aufgeführt.

[1] Soweit bei den Gleichungen der Aggregatzustand des Stoffes nicht angegeben wurde, ist der reine feste Stoff oder das Gas mit einer Atmosphäre Druck anzunehmen.

Nr.	Reaktion	ΔI_0	$-\Delta a$	$-\frac{1}{2}\Delta b \cdot 10^3$	$-\frac{1}{2}\Delta d \cdot 10^{-5}$	Z	ΔI_{298}	ΔG^0_{298}
(39)	$C\,(\beta\text{-Gr.}) + \frac{1}{2}O_2 = CO$	—25610	0,48	0,78	—1,06	—24,45	—26450	—32830
(41)	$C\,(\beta\text{-Gr.}) + O_2 = CO_2$	—93590	1,40	0,07	—0,38	—5,20	—94030	—94230
	$C\,(\beta\text{-Gr.}) + H_2 + {}^3/_2O_2 = H_2CO_3(aq)$							—149170
	$C\,(\beta\text{-Gr.}) + 2\,S(rh) = CS_2(g)$	26320	—9,03	7,30	1,11	—17,04	27580	15600
	$C\,(\beta\text{-Gr.}) + S(rh) + \frac{1}{2}O_2 = COS(g)$	—34950	—5,76	4,08	0,75	—6,66	—34065	—40570
	$C\,(\beta\text{-Gr.}) + 2\,H_2 = CH_4$	—15560	21,14	—2,98	—0,03	—40,39	—18050	—12280
(143)	$H_2 + \frac{1}{2}O_2 = H_2O(l)$	—70100	—16,74	0,47	—0,47	86,77	—68310	—56710
(43)	$H_2 + \frac{1}{2}O_2 = H_2O(g)$	—56460	8,66	—0,92	—0,47	—14,62	—57810	—54670
	$2\,S(rh) = S_2(g)$	31360	—1,36	5,80		—38,62	31020	19360
	$S(rh) + O_2 = SO_2$	—70635	1,04	2,54	0,08	—7,16	—70940	—71750
	$H_2 + S(rh) + {}^3/_2O_2 = H_2SO_3(aq)$							—128590
	$S(rh) + {}^3/_2O_2 = SO_3(g)$	—92240	3,34	2,54	0,08	6,28	—92840	—87650
	$H_2 + S(rh) + 2\,O_2 = H_2SO_4(aq)$							—176540
	$H_2 + S(rh) = H_2S(g)$	—3725	7,02	1,87		—31,82	—4800	—7865
	$H_2 + S(rh) = H_2S(aq)$							—6515
	$\frac{1}{2}N_2 + {}^3/_2H_2 = NH_3(g)$	—9560	13,96	—2,19	0,20	—15,39	—11040	—3980
(45)	$2\,Ag + \frac{1}{2}O_2 = Ag_2O$	—7380	—2,30	—1,5		22,75	—6950	—2430
	$2\,Ag + S(rh) = Ag_2S(\alpha)$	—7370	—9,26	4,62		17,14	—6580	—8680
	$2\,Ag + S(rh) + 2\,O_2 = Ag_2SO_4$	—167210	18,93	—9,07	—1,88	26,44	—170110	—146800
	$2\,Ag + C + {}^3/_2O_2 = Ag_2CO_3$						—120850	—104390
(47)	$2\,Al(s) + {}^3/_2O_2 = Al_2O_3(s)$	—399970	—0,16	—1,07	1,21	77,01	—399040	—376830
(49)	$2\,Al(l) + {}^3/_2O_2 = Al_2O_3(s)$	—403500	9,97	—4,28		53,86		
(53)	$2\,Al(l) + {}^3/_2O_2 = Al_2O_3(l)$	—362680	0,61	0,21		57,20		
(177)	$4\,Al(s) + 3\,C\,(\beta\text{-Gr.}) = Al_4C_3(s)$	—44380	—12,95	—4,88*	—1,75	53,4	—43500	—39460
(179)	$4\,Al(l) + 3\,C\,(\beta\text{-Gr.}) = Al_4C_3(s)$	—52350	7,32	—11,32*	—1,75	7,6		
	$Al + \frac{1}{2}N_2 = AlN$	—56950	3,45			14,61	—57400	—50050

* Als weiteres Glied ist einzufügen: $+ 0,68 \cdot 10^{-6}\,T^3$.

	$2\,Al + 3\,S(rh) + 6\,O_2 = Al_2(SO_4)_3$						—700000	—653500
(55)	$2\,As(s) + {}^3/_2\,O_2 = As_2O_3$(okt.)	—153300	33,12	—21,77	—1,41	—20,13	—156600	—137300
(57)	$2\,As(s) + {}^3/_2\,O_2 = As_2O_3$(mon.)	—149190	33,12	—21,77	—1,41	—28,26		
(59)	$2\,As(s) + {}^3/_2\,O_2 = As_2O_3(l)$	—146620				45,9		
(61)	$4\,As(s) + 3\,O_2 = As_4O_6(g)$	—278940				72,3		
(63)	$As_4(g) + 3\,O_2 = As_4O_6(g)$	—309940				107,4		
	$B + {}^1/_2\,N_2 = BN$	— 31200	3,62	— 1,55		3,30	— 31530	— 27690
(65)	$Ba(s) + {}^1/_2\,O_2 = BaO(s)$	—126400	— 2,3			30,4	—126100	—119040
(67)	$Ba(l) + {}^1/_2\,O_2 = BaO(s)$	—128660	— 2,3			32,7		
	$Ba + S(rh) = BaS$	—102640	— 3,02	2,88		11,18	—102500	—101280
	$3\,Ba + N_2 = Ba_3N_2$	— 89900				57,4	— 89900	— 72790
	$Ba + S(rh) + 2\,O_2 = BaSO_4$	—337910	9,95	— 2,92	—1,88	60,68	—340200	—313370
	$Ba + C + {}^3/_2\,O_2 = BaCO_3(\alpha)$						—284940	—265830
(69)	$Be + {}^1/_2\,O_2 = BeO$	—147150	1,15			22,2	—147300	—139700
	$3\,Be + N_2 = Be_3N_2$	—133500				40,6	—133500	—121400
	$2\,Bi + 3\,S(rh) = Bi_2S_3$	— 45420	—17,04	8,91		60,59	— 44010	— 39140
(71)	$Ca(s) + {}^1/_2\,O_2 = CaO(s)$	—152340	— 3,32	0,38	0,36	35,70	—151700	—144000
(73)	$Ca(l) + {}^1/_2\,O_2 = CaO(s)$	—154090	— 0,53	— 0,32	0,36	29,54		
(75)	$Ca(g) + {}^1/_2\,O_2 = CaO(s)$	—196280	— 9,2			81,2		
	$Ca(\alpha) + S(rh) = CaS$	—111340	— 3,02	2,88		11,18	—111200	—109980
	$Ca(\alpha) + 2\,C = CaC_2$	— 13210	6,9			—31,47	— 14100	— 17500
	$3\,Ca(\alpha) + N_2 = Ca_3N_2$	—103200				50,2	—103200	— 88240
	$Ca(\alpha) + S(rh) + 2\,O_2 = CaSO_4$	—336420	15,91	— 5,94	—1,09	46,02	—338690	—311860
	$Ca(\alpha) + C + {}^3/_2\,O_2 = CaCO_3$ (Kalkspat)	—283800	— 1,64	2,78	0,45	66,32	—283530	—264840
	$Ce + {}^1/_2\,N_2 = CeN$	— 78000				25,0	— 78000	— 70550
	$Cd + S(rh) = CdS$	— 35150	8,89	3,90		26,40	— 34350	— 33490
	$Cd + S(rh) + 2\,O_2 = CdSO_4$	—218640	16,35	— 4,64	—1,88	39,79	—221600	—195760
	$Cd + C + {}^3/_2\,O_2 = CdCO_3$	—178850	21,05	—11,52	—1,99	5,38	—181890	—163410
(77)	$Co + {}^1/_2\,O_2 = CoO$	— 57950	— 3,45			29,48	— 57500	— 51710

Nr.	Reaktion	ΔI_0	$-\Delta a$	$-\frac{1}{2}\Delta b\cdot 10^3$	$-\frac{1}{2}\Delta d\cdot 10^{-5}$	Z	ΔI_{298}	ΔG^0_{298}
	$Co + S(rh) = CoS$	— 20820	— 4,38	3,53		8,97	— 20570	— 21060
	$3\,Co + C = Co_3C$	8580	— 5,76			8,75	9330	6940
	$Co + S(rh) + 2\,O_2 = CoSO_4$	—208370	—11,19	0,08	—1,88	112,70	—208190	—183650
	$Co + C + {}^3/_2\,O_2 = CoCO_3$						—173310	—155570
(79)	$2\,Cr(s) + {}^3/_2\,O_2 = Cr_2O_3(s)$	—267280	— 8,77	0,55	—1,41	89,14	—267140	—247610
(81)	$2\,Cr(l) + {}^3/_2\,O_2 = Cr_2O_3(s)$	—273970	— 4,6			79,4		
	$3\,Cr + 2\,C = Cr_3C_2$	— 8550				— 5,03	— 8550	— 10050
	$5\,Cr + 2\,C = Cr_5C_2$	— 9210				—10,97	— 9210	— 12480
	$Cr + \frac{1}{2}\,N_2 = CrN$	— 30400	— 4,6			37,83	— 29800	— 22520
	$2\,Cs + C + {}^3/_2\,O_2 = Cs_2CO_3$						—274470	
(87)	$2\,Cu(s) + \frac{1}{2}\,O_2 = Cu_2O(s)$	— 40630	1,57	— 1,58	—0,47	13,60	— 41000	— 35720
(95)	$2\,Cu(l) + \frac{1}{2}\,O_2 = Cu_2O(s)$	— 43950	11,06	— 3,04	—0,47	—11,72		
(97)	$2\,Cu(l) + \frac{1}{2}\,O_2 = Cu_2O(l)$	— 38490	—11,52			51,80		
(83)	$Cu + \frac{1}{2}\,O_2 = CuO$	— 38170	— 2,99	— 0,99	0,28	31,72	— 37500	— 30920
	$2\,Cu + S(rh) = Cu_2S(\alpha)$	— 18440	11,70	—11,02		—32,76	— 18970	— 20550
(91)	$2\,Cu(s) + S(rh) = Cu_2S(\beta)$	— 19190	—14,72	4,66		31,42		
	$Cu + S(rh) = CuS$	— 11860	— 3,64	2,53		8,79	— 11610	— 11700
	$Cu + S(rh) + 2\,O_2 = CuSO_4$	—183880	17,64	— 6,84	1,88	43,26	—184300	—157950
	$Cu + C + {}^3/_2\,O_2 = CuCO_3$						—142800	—123380
(99)	$Fe(\alpha) + \frac{1}{2}\,O_2 = FeO(s)$	— 65000	— 7,21	1,26	—0,47	37,85	— 64500	— 59080
(101)	$Fe(\beta) + \frac{1}{2}\,O_2 = FeO(s)$	— 60750	10,46	— 1,94	—0,47	—16,22		
(103)	$Fe(\gamma) + \frac{1}{2}\,O_2 = FeO(s)$	— 65120	2,63	— 1,94	—0,47	11,54		
(105)	$Fe(\gamma) + \frac{1}{2}\,O_2 = FeO(l)$	— 59020	— 6,91			35,33		
(107)	$Fe(\delta) + \frac{1}{2}\,O_2 = FeO(l)$	— 56760	— 3,45			22,83		
(109)	$Fe(l) + \frac{1}{2}\,O_2 = FeO(l)$	— 62120	— 5,76			33,28		
(117)	$3\,Fe(\alpha) + 2\,O_2 = Fe_3O_4(\alpha)$	—264220	21,95	—15,47	—1,88	24,98	—266950	—242570

	$Fe(\alpha) + S(rh) = FeS(\alpha)$	—22270	13,08	—13,19		—32,19	—22790	—23390
	$Fe(\alpha) + 2\,S(rh) = FeS_2$	—38350	1,36	2,75		3,48	—38770	—36070
	$3\,Fe(\alpha) + C = Fe_3C(\alpha)$	4255	—14,95	3,35	—0,58	37,84	5500	4610
	$4\,Fe(\alpha) + \frac{1}{2}N_2 = Fe_4N$	—3860	—16,28	8,93		53,55	—2550	890
	$Fe(\alpha) + C + {}^3/_2\,O_2 = FeCO_3$	—175860	17,46	—8,71	—1,99	11,38	—178680	—161030
	$Hg(g) + \frac{1}{2}S_2(g) = HgS(rot)$	—46350	—4,75	—1,60		68,36	—45595	—29615
	$2\,Hg + S(rh) + 2\,O_2 = Hg_2SO_4$						—177130	—148880
	$2\,Hg + C + {}^3/_2\,O_2 = Hg_2CO_3$							—111200
	$2\,K + S(rh) + 2\,O_2 = K_2SO_4$						—341800	—314580
	$K_2O + CO_2 = K_2CO_3$						—94260	
	$La + \frac{1}{2}N_2 = LaN$	—72100				25,0	—72100	—64650
	$3\,Li + \frac{1}{2}N_2 = Li_3N$	—47470				34,0	—47470	—37330
	$2\,Li + S(rh) + 2\,O_2 = Li_2SO_4$						—340230	—314660
	$2\,Li + C + {}^3/_2\,O_2 = Li_2CO_3$						—291240	—266490
(119)	$Mg(s) + \frac{1}{2}O_2 = MgO(s)$	—146400	—1,20	0,13	0,24	29,56	—146100	—138380
(121)	$Mg(l) + \frac{1}{2}O_2 = MgO(s)$	—147090	1,57	—0,54	0,58	22,69		
(123)	$Mg(g) + \frac{1}{2}O_2 = MgO(s)$	—182970	—4,03	—0,54	0,58	66,27		
	$3\,Mg + N_2 = Mg_3N_2$	—115180				48,3	—115180	—100780
	$Mg + S(rh) + 2\,O_2 = MgSO_4$	—310530	10,18	—3,13	—2,22	63,27	—313060	—285180
	$Mg + C + {}^3/_2\,O_2 = MgCO_3$	—263110	25,40	—11,60	—1,83	—2,05	—266600	—246630
(125)	$Mn(\alpha) + \frac{1}{2}O_2 = MnO(s)$	—93050	—3,87	2,65	—0,47	27,27	—93100	—87700
(127)	$Mn(\beta) + \frac{1}{2}O_2 = MnO(s)$	—93660	—0,88	0,89	—0,47	20,66		
(129)	$Mn(\gamma) + \frac{1}{2}O_2 = MnO(s)$	—93870	—1,47	1,03	—0,47	22,47		
(131)	$Mn(l) + \frac{1}{2}O_2 = MnO(s)$	—94230	6,91			—2,42		
(175)	$Mn(l) + \frac{1}{2}O_2 = MnO(l)$	—84230	6,91			—7,28		
	$Mn(\alpha) + S(rh) = MnS$	—45090	—9,70	6,20		20,71	—44390	—45520
	$3\,Mn(\alpha) + C = Mn_3C$	—23000				—0,4	—23000	—23120
	$3\,Mn(l) + 4\,C = Mn_3C_4$ [gel. in Mn(l)]	3090				2,06	3090	3710
	$3\,Mn(l) + N_2 = Mn_3N_2$ [gel. in Mn(l)]	—45800				35,70	—45800	—34160
	$5\,Mn + N_2 = Mn_5N_2$	—57770				36,4	—57770	—46920

Nr.	Reaktion	ΔI_0	$-\Delta a$	$-\frac{1}{2}\Delta b\cdot 10^3$	$-\frac{1}{2}\Delta d\cdot 10^{-5}$	Z	ΔI_{298}	ΔG^0_{298}
	$Mn(\alpha)+S(rh)+2\,O_2=MnSO_4$	—248630	3,18	— 0,38	—1,88	63,50	—250270	—228020
	$Mn(\alpha)+C+{}^3/_2\,O_2=MnCO_3$	—216330	21,0	—11,12	—1,99	4,98	—219400	—201010
	$Mo+2\,S(rh)=MoS_2$	— 57640	—15,78	5,60	—0,25	49,24	— 56270	— 54190
	$Mo+3\,S(rh)=MoS_3$	— 60440	8,1			— 9,78	— 61480	— 57380
	$2\,Mo+C=Mo_2C$	4200				— 4,80	4200	2770
(133)	$2\,Na(s)+{}^1/_2\,O_2=Na_2O(s)$	—102920				36,15	—102920	— 92150
(135)	$2\,Na(l)+{}^1/_2\,O_2=Na_2O(s)$	—104180				39,56		
	$2\,Na+S(rh)+2\,O_2=Na_2SO_4$						—332230	—302730
	$2\,Na+C+{}^3/_2\,O_2=Na_2CO_3$						—271020	—251110
(137)	$Ni(\alpha)+{}^1/_2\,O_2=NiO(s)$	— 59650	—15,53	3,96	0,14	65,65	— 57900	— 51140
(139)	$Ni(\beta)+{}^1/_2\,O_2=NiO(s)$	— 58060	— 6,64	0,58	—1,74	40,83		
	$3\,Ni(\alpha)+C=Ni_3C$	9200				— 1,1	9200	8870
	$Ni(\alpha)+S(rh)+2\,O_2=NiSO_4$	—213890	—13,17	1,62	—1,88	124,79	—213590	—186890
	$Ni+C+{}^3/_2\,O_2=NiCO_3$						—163840	—146190
(145)	$Pb(s)+{}^1/_2\,O_2=PbO(rot)$	— 52060	— 0,97	— 0,52	—0,47	26,44	— 52200	— 45100
(147)	$Pb(l)+{}^1/_2\,O_2=PbO(s)$	— 53030	1,41	— 1,53	—0,47	22,05		
(149)	$Pb(l)+{}^1/_2\,O_2=PbO(l)$	— 52920	— 6,91			45,65		
	$Pb+S(rh)=PbS$	— 23310	— 2,95	2,12		8,61	— 23120	— 22730
	$Pb+S(rh)+2\,O_2=PbSO_4$	—216380	16,51	— 5,86	—1,88	39,36	—219290	—193650
	$Pb+C+{}^3/_2\,O_2=PbCO_3$	—164510	19,48	—11,79	—1,99	7,34	—167360	—149710
	$Pt+S(rh)=PtS$	— 20470	— 3,78	2,27		15,12	— 20180	— 18550
	$Pt+2\,S(rh)=PtS_2$	— 26580	— 1,80	3,25		11,20	— 26640	— 24280
	$Rb_2O+CO_2=Rb_2CO_3$						— 97420	
	$Ru+2\,S(rh)=RuS_2$	— 48140	—12,87	5,80		43,60	— 46990	— 44110
	$2\,Sb+3\,S(rh)=Sb_2S_3$	— 38520	— 5,62	4,54		17,89	— 38200	— 36930
(155)	$Si(s)+O_2=SiO_2(\alpha\text{-}Qu.)$	—207200	7,23	— 3,92	—0,24	24,48	—207950	—195010
(157)	$Si(s)+O_2=SiO_2(\beta\text{-}Qu.)$	—206030	7,05	— 2,31	—1,45	22,43		

(151)	$Si(s) + O_2 = SiO_2(\alpha\text{-Crist.})$	−202920	23,86	−11,56	−1,44	−20,95	−205950	−193090
(153)	$Si(s) + O_2 = SiO_2(\beta\text{-Crist.})$	−208250	− 7,10	0,22	3,04	65,58		
(159)	$Si(l) + O_2 = SiO_2(\beta\text{-Crist.})$	−216160	− 4,61			62,64		
(161)	$Si(l) + O_2 = SiO_2(l)$	−214060	− 4,61			61,56		
	$Si + C = SiC$	− 27050	− 1,11	0,16	0,33	5,45	− 26700	− 26120
	$3\,Si + 2\,N_2 = Si_3N_4$	−180000	− 5,76			99,0	−179250	−154740
(165)	$Sn(s) + O_2 = SnO_2(s)$	−138920	− 1,43	− 0,30	0,32	53,74	−138500	−123880
(167)	$Sn(l) + O_2 = SnO_2(s)$	−140470	2,14	− 2,70	0,32	48,36		
	$Sr + S(rh) = SrS$	−110380	− 3,02	2,88		11,16	−110250	−109020
	$3\,Sr + N_2 = Sr_3N_2$	− 91400				50,9	− 91400	− 76230
	$Sr + S(rh) + 2\,O_2 = SrSO_4$	−339650	9,03	− 2,58	−1,88	63,16	−341850	−315020
	$Sr + C + {}^3/_2\,O_2 = SrCO_3$						−279200	−260060
	$Ta + {}^1/_2\,N_2 = TaN$	− 58100				19,9	− 58100	− 52170
	$Th + 2\,C = ThC_2$	− 45730				−15,1	− 45730	− 50240
	$3\,Th + 2\,N_2 = Th_3N_2$	−310400				89,7	−310400	−283660
	$Ti + C = TiC$	− 57250				2,48	− 57250	− 56510
	$Ti + {}^1/_2\,N_2 = TiN$	− 80300				21,0	− 80300	− 74040
	$2\,Tl + S(rh) = Tl_2S$							− 22540
	$2\,Tl + S(rh) + 2\,O_2 = Tl_2SO_4$						−197790	−221200
	$3\,U + 2\,N_2 = U_3N_4$	−275000				81,9	−275000	−250590
	$V + {}^1/_2\,N_2 = VN$	− 41650	− 1,73			26,38	− 41430	− 35060
	$W + 2\,S(rh) = WS_2$	− 45840	3,68			−10,14	− 46320	− 46150
(169)	$Zn(s) + {}^1/_2\,O_2 = ZnO(s)$	− 84140	− 4,63	0,69	0,44	37,47	− 83300	− 76180
(171)	$Zn(l) + {}^1/_2\,O_2 = ZnO(s)$	− 84740	0,76	− 0,39	0,44	23,77		
(173)	$Zn(g) + {}^1/_2\,O_2 = ZnO(s)$	−115640	− 5,28	− 0,66	0,44	68,85		
	$Zn + S(rh) = ZnS$	− 42990	− 9,17	4,00	0,97	29,18	− 41510	− 40370
	$Zn + S(rh) + 2\,O_2 = ZnSO_4$	−231540	7,99	− 4,37	−1,88	62,31	−233450	−208090
	$Zn + C + {}^3/_2\,O_2 = ZnCO_3$	−190780	25,4	−13,65	−1,99	− 2,87	−194190	−174780
	$Zr + C = ZrC$	− 35530				−20,7	− 35530	− 41710
	$Zr + {}^1/_2\,N_2 = ZrN$	− 82200				22,0	− 82200	− 75640